中国通信学会普及与教育工作委员会推荐教材

21世纪高职高专电子信息类规划教材

21 Shiji Gaozhi Gaozhuan Dianzi Xinxilei Guihua Jiaocai

电路分析基础

（第2版）

李晓静 编著

U0377787

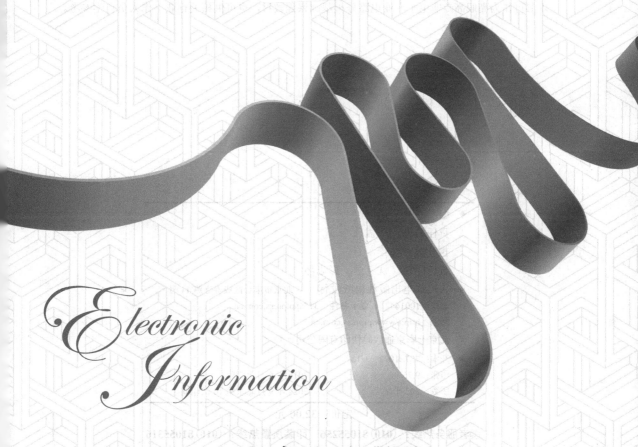

Electronic

Information

人民邮电出版社

北 京

图书在版编目（CIP）数据

电路分析基础 / 李晓静编著. -- 2版. -- 北京：
人民邮电出版社，2016.6
21世纪高职高专电子信息类规划教材
ISBN 978-7-115-41048-1

Ⅰ. ①电… Ⅱ. ①李… Ⅲ. ①电路分析－高等职业教
育－教材 Ⅳ. ①TM133

中国版本图书馆CIP数据核字(2015)第283732号

内 容 提 要

本书突出电路的基本理论、基本知识、基本技能，以"必需、够用"为指导原则，从高等职业
技术学院培养目标出发，具有"基础性、实用性"的特点。作者按照循序渐进、理论联系实际、便
于自学的原则编写；力求叙述简练，概念清晰，通俗易懂。

本书共 6 章，内容包括电路的基础知识、电路的等效变换、线性电路的基本定理、正弦交流电
路、互感电路和理想变压器、一阶动态电路的时域分析。

本书可作为高职高专非电子专业电路分析基础课程教材，也可供相关行业工作人员自学参考。

◆ 编　著　李晓静
责任编辑　张孟玮
执行编辑　李　召
责任印制　沈　蓉　彭志环

◆ 人民邮电出版社出版发行　　北京市丰台区成寿寺路 11 号
邮编　100164　电子邮件　315@ptpress.com.cn
网址　http://www.ptpress.com.cn
北京七彩京通数码快印有限公司印刷

◆ 开本：787×1092　1/16
印张：9.75　　　　　2016 年 6 月第 2 版
字数：203 千字　　　2024 年 9 月北京第 10 次印刷

定价：32.00 元
读者服务热线：(010)81055256　印装质量热线：(010)81055316
反盗版热线：(010)81055315

前　言

　　《电路分析基础（第2版）》是根据教育部制定的《高职高专教育基础课程教学基本要求》和《高职高专教育专业人才培养目标及规格》的精神，结合当前高职学生学习基础知识的实际状况编写的一本专业基础教材，供高等职业技术学院通信和信息专业使用。

　　本书突出电路的基本理论、基本知识、基本技能，以"必需、够用"为指导原则，从高等职业技术学院培养目标出发，具有"基础性、实用性"的特点。希望通过本教材的学习，使学生掌握电路的理论知识和电路分析的基本技能，以培养学生分析问题和解决问题的能力，为学习相关专业课奠定理论基础。

　　本书共6章，其主要内容有：电路的基础知识、电路的等效变换、线性电路的基本定理、正弦交流电路、互感电路和理想变压器、一阶动态电路的时域分析。

　　本书充分考虑高职学生数理基础的实际情况，按照循序渐进、理论联系实际、便于自学的原则编写；力求叙述简练，概念清晰，通俗易懂。对于电路的分析求解，力求做到解题思路简捷、步骤清晰明了、取值计算精简，以期对学生掌握具体分析的方法起到指导作用；有些题目给出多解，以启发和培养学生的发散性思维能力。

　　本书是在《电路分析基础》第1版的基础上，经过总结、提高和修改而成的，书中保留了《电路分析基础》第1版的特征。

　　由于编者水平有限，书中疏漏之处在所难免，敬请读者批评指正。

编　者

2016年5月

目 录

第 1 章　电路的基础知识

本章简单介绍电路的基础知识：电路模型、基本变量、基本元件、电源和基本定律。重点是基尔霍夫定律，它是电路理论中的基本定律，也是学习本课程的基础。

学习本章，要求充分理解并牢固掌握电压的参考极性、电流的参考方向以及关联参考方向的基本概念，电功率 $P>0$ 和 $P<0$ 的意义，基尔霍夫定律的内容及应用。

1.1　电路和电路模型

1.1.1　电路及其功能

电路是由若干电气元器件（如电阻器、电容器、电感器、电源、开关等）按照人们预先规定的目的相互连接而成的总体，是电流的流通通路。

电路的作用虽是多种多样的，但基本上可分为两大类：一类是进行电能的传输或转换，如电力系统的发电、传输等；另一类是实现信息的传输和处理，如通信电路、电视机电路等。

1.1.2　电路模型

组成实际电路的元器件的电磁性能比较复杂。例如，电阻器的主要功能是电能对热能的不可逆的转换，但当电流通过电阻器时，它也储存了一定的磁能和电能；电感线圈的主要功能是用来储存和交换磁能，但当电流通过时，它也消耗了部分热能，还伴随着一定的电场能量。如果将这些元器件的电磁性能统统考虑，将使电路分析的过程复杂化，而且在实际工程中也没有必要这样精确。因此，为了便于对实际电路进行分析和计算，常将电路的元器件加以理想化，在一定条件下，忽略其次要的电磁性能，用一个表征其主要性能的模型来表示，我们将反映其主要性能的实际元器件的模型称为理想元器件。由理想元器件连接而成的电路称为电路模型，简称电路图。

常用的理想元器件包括：只表示将电能转换成热能的电阻元件；只表示电场现象的电容元件；只表示磁场现象的电感元件；提供电压的理想电压源和提供电流的理想电流源。图 1-1 所示为常用理想元器件的符号。

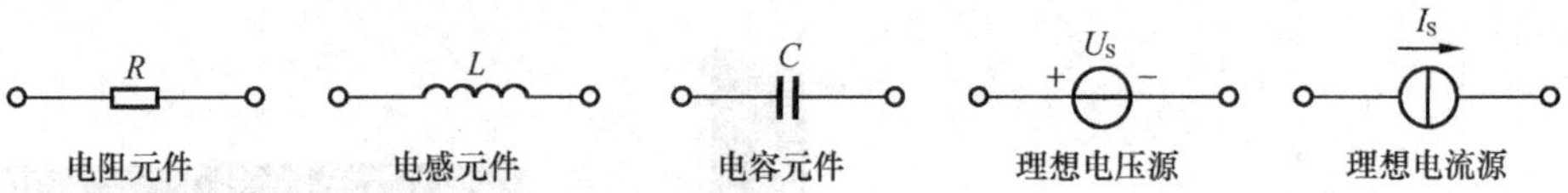

图 1-1

实际电路可分为集中参数电路和分布参数电路两大类。当一个实际电路的几何尺寸远小于电路中电磁波的波长时，就称为集中参数电路，否则就称为分布参数电路。集中参数电路按其元器件参数是否为常数，分为线性电路和非线性电路。本课程讨论的都是集中参数线性电路。

1.2 电路的基本变量

1.2.1 电流及参考方向

在电场力作用下，电荷有规则的运动称为电流。习惯上规定正电荷运动的方向为电流的实际方向。

用来衡量电流大小的物理量是电流强度，其定义是：在单位时间内通过导体横截面的电量。

设在极短时间 dt 内通过导体横截面的电量为 dq，则电流强度为

$$i = \frac{dq}{dt} \tag{1-2-1}$$

电流强度 i 一般是时间的函数，即随着时间按一定规律变化。

如果电流的大小和方向都不随时间变化，则这种电流称为恒定电流，简称直流。在这种情况下，电流强度用符号 I 表示，这时式（1-2-1）可写成

$$I = \frac{q}{t} \tag{1-2-2}$$

在国际单位制中，电流强度的单位为安培（符号为 A），常用单位还有毫安（mA）和微安（μA），其关系为

$$1A = 10^3 mA = 10^6 \mu A$$

在电路分析时，电流的实际方向是很难确定的，尤其在交流电路中，电流方向不断变化，根本无法确定。基于这个原因，可以事先任意假定电流的方向，这个假定的方向称为参考方

向。参考方向又称为正方向，在电路图中用箭头表示。我们规定：如果电流的实际方向与参考方向一致，电流为正值；如果两者相反，电流为负值，如图 1-2 所示。这样，在指定参考方向下，电流值的正、负就可以反映出电流的实际方向。除用箭头表示电流参考方向外，还可用双下标表示，如 I_{ab} 表示电流参考方向是从 a 点流向 b 点。在未标示参考方向的情况下，电流的正、负是没有意义的。

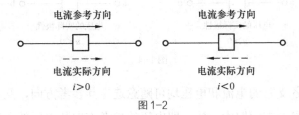

图 1-2

1.2.2　电压及参考极性

电路中 a、b 两点的电压就是将单位正电荷由 a 点移动到 b 点时电场力所做的功。电压也称为电位差，用符号 u 表示。在一般情况下，有

$$u = \frac{\mathrm{d}w}{\mathrm{d}q} \tag{1-2-3}$$

式中，$\mathrm{d}q$ 为从 a 点移动到 b 点的电量；$\mathrm{d}w$ 为移动过程中，电荷 $\mathrm{d}q$ 所做的功。

如果正电荷由 a 点移动到 b 点电场力做正功，这时 a 点为高电位，即 "+" 极；b 点为低电位，即 "−" 极，则 $u > 0$。反之，如果正电荷由 a 点移动到 b 点电场力做负功，这时 a 点为低电位，b 点为高电位，则 $u < 0$。

如果电压的大小和极性都不随时间而变化，这样的电压叫作恒定电压，简称直流电压，用符号 U 表示，这时式（1-2-3）可写成

$$U = \frac{W}{q} \tag{1-2-4}$$

在国际单位制中，电压的单位为伏特（符号为 V），常用单位还有千伏（kV）和毫伏（mV），其关系为

$$1\mathrm{kV} = 10^3\mathrm{V} = 10^6\mathrm{mV}$$

在电路分析时，同样需要为电压规定参考极性。与电流的参考方向一样，电压的参考极性也是任意选定的，在电路图中用符号 "+" "−" 表示，"+" 表示高电位端，"−" 表示低电位端，如图 1-3 所示。

电压的参考极性除了用 "+" "−" 表示外，还可以用双下标表示，如 u_{ab} 表示 a 点为参考正极，b 点为参考负极，并有 $u_{ab} = -u_{ba}$，如图 1-3 所示。

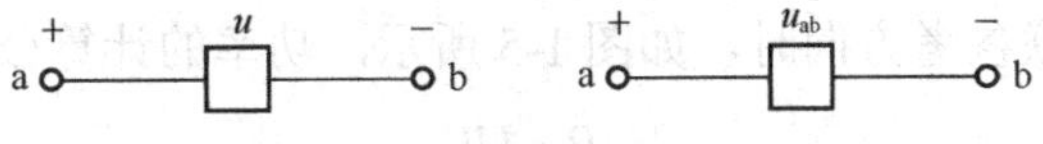

图 1-3

在选定电压的参考极性后，当电压的参考极性与实际极性一致时，则电压为正值；当电压的参考极性与实际极性相反时，则电压为负值，如图 1-4 所示。同样，在未标示参考极性的情况下，电压的正负也是没有意义的。

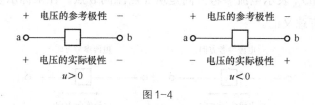

图 1-4

在电路分析中，各支路的电流和电压均可随意选定其参考方向，互不相关。但为了分析方便，常常将两者的参考方向取为一致，即电流的参考方向从电压的正极指向负极，这称为关联参考方向，如图 1-5 所示；如果电流的参考方向是从电压的负极指向正极，则称为非关联参考方向，如图 1-6 所示。

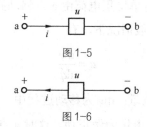

图 1-5

图 1-6

1.2.3 电功率

电功率（简称功率）是描述电路中能量变化速率的物理量，其定义为单位时间内电场力所做的功。在直流电路中，功率是恒定不变的，用大写字母 P 表示，即

$$P = UI \tag{1-2-5}$$

若电流和电压是随时间变化的，则功率也是随时间变化的，称为瞬时功率，用小写字母 p 表示，这时式（1-2-5）可写成

$$p(t) = u(t) \cdot i(t) \tag{1-2-6}$$

或简写为

$$p = ui \tag{1-2-7}$$

从前面的定义可知：功率有正值和负值之分。若电场力做正功，则功率为正值；反之，若电场力做负功（即外力做功），则功率为负值。

在电路分析中，如何计算某个元器件或某段电路功率的正或负呢？功率的正或负值由两个因素决定：其一是电流和电压间的参考方向；其二是电流和电压本身的正、负值。

当电压和电流为关联参考方向时，如图 1-5 所示，功率的计算公式为

$$P = UI \tag{1-2-8}$$

当电压和电流为非关联参考方向时，如图1-6所示，则功率的计算公式为

$$P = -UI \qquad (1-2-9)$$

式中，U、I本身是具有方向的代数量，即U和I有正、负值之分。无论使用哪个公式，只需将U和I本身的代数值直接代入公式即可。最终的计算结果表明：若$P > 0$，则电场力做正功，说明该元件消耗功率（或称吸收功率）；若$P < 0$，则外力做功，说明该元器件产生功率（或称供出功率）。

在国际单位制中，电压的单位为伏特（V），电流的单位为安培（A），功率的单位为瓦特，简称瓦（W），则有

$$1W = 1V \cdot A$$

例1.1 如图1-7所示，5个方块分别代表电源或负载元件，各支路电流、电压的参考方向如图1-7所示。已知$I_1 = 3A$，$I_2 = -5A$，$I_3 = 8A$，$U_1 = 12V$，$U_2 = 16V$，$U_3 = -4V$，$U_4 = 2V$，$U_5 = -2V$，试计算各元器件的功率，并说明是吸收功率还是向外供出功率。

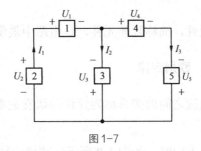

图1-7

解 $P_1 = U_1 I_1 = 12 \times 3 = 36（W）（吸收）$

$P_2 = -U_2 I_1 = -16 \times 3 = -48（W）（供出）$

$P_3 = -U_3 I_2 = -(-4) \times (-5) = -20（W）（供出）$

$P_4 = U_4 I_3 = 2 \times 8 = 16（W）（吸收）$

$P_5 = -U_5 I_3 = -(-2) \times 8 = 16（W）（吸收）$

电路向外供出的总功率为

$$48 + 20 = 68（W）$$

电路吸收的总功率为

$$36 + 16 + 16 = 68（W）$$

吸收的功率等于供出功率，称功率平衡，符合能量守恒原理，因此是正确的。

练习与思考

在图1-8所示电路中，已知元件1向外供出的功率为10W，元件2吸收的功率为24W，元件3吸收的功率为20W，元件4向外供出的功率为30W。分别求U_1、I_2、I_3和U_4。

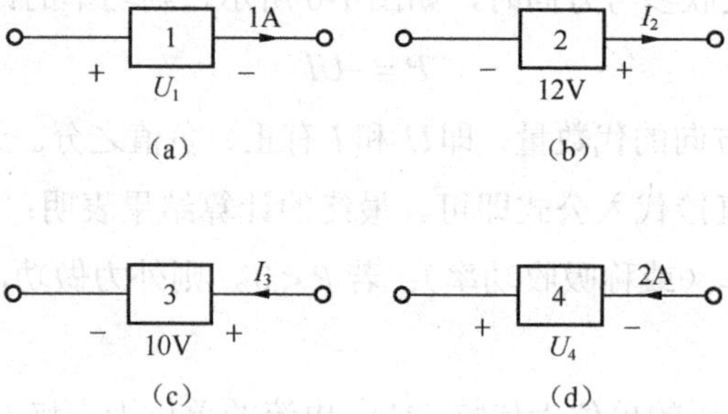

图 1-8

1.3 电路的基本元件

1.3.1 电阻元件

电阻元件是消耗能量的元件，简称耗能元件，是电路中最常见的元件之一。

1. 电阻元件的伏安特性、欧姆定律

任何二端元件的电压和电流之间的关系称为元件的伏安关系或伏安特性，电阻元件的伏安特性是由欧姆定律来描述的。

当电压和电流为关联参考方向时，如图 1-9 所示，欧姆定律记为

$$u = Ri \tag{1-3-1}$$

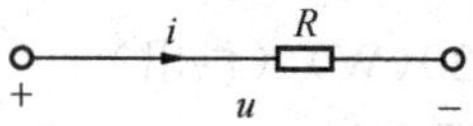

图 1-9

当电压和电流为非关联参考方向时，如图 1-10 所示，则欧姆定律应记为

$$u = -Ri \tag{1-3-2}$$

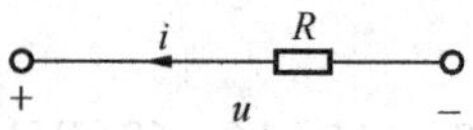

图 1-10

电阻的伏安特性也可写成

$$i = Gu \tag{1-3-3}$$

即通过电阻元件的电流和元件的端电压成正比，其比例系数

$$G = \frac{i}{u} = \frac{1}{R}$$

称为电阻元件的电导，电导为电阻的倒数。

在国际单位制中，电阻的单位为欧姆，简称欧（Ω）；电导的单位为西门子，简称西（S）。

电阻元件的伏安特性还可用曲线来表示。如果一个电阻元件的伏安特性曲线是一条通过坐标原点的直线，如图 1-11 所示，则此电阻元件称为线性电阻元件；如果电阻元件的伏安特性为一条经过原点的曲线，则此电阻元件称为非线性电阻元件。例如，晶体二极管是一个非线性元器件，其伏安特性曲线如图 1-12 所示。我们通常所说的电阻元件都是指线性电阻元件。

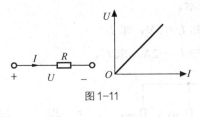

图 1-11

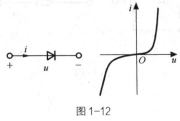

图 1-12

2. 电阻元件的功率

在关联参考方向下，电阻元件所吸收或消耗的功率为

$$p = ui$$

将式（1-3-1）代入上式，可得

$$p = i^2 R \tag{1-3-4}$$

或

$$p = \frac{u^2}{R} = u^2 G \tag{1-3-5}$$

在直流电路中，电阻元件的功率可记为

$$P = UI = I^2 R = \frac{U^2}{R} = U^2 G \tag{1-3-6}$$

从上述公式可看出：电阻元件的功率与通过该元件的电流的平方或电压的平方成正比，电阻的功率恒大于零。这说明电阻元件是一个只消耗电能而不储存电能的元件，电能从电源供给电阻，并转换成其他形式的能量，而不能再返回电源。

3. 电气设备的额定值

当电流通过电气设备（电器或电路元器件）时，设备内的电阻将消耗一定的能量，使电能转变为热能，导致电气设备本身的温度增高。在电阻一定的情况下，如果加上过高的电压或过大的电流，将会烧坏电气设备。为了保证电气设备能正常工作，对各种电气设备消耗的功率或外加电流、电压的数值都有一定的限额，称为额定功率、额定电流和额定电压。它们是设备能安全工作所允许的最大值。各种电气设备一般都在铭牌上标明它们的额定值。

例 1.2 电路如图 1-13 所示。

（1）图 1-13（a）中，已知 $U = 5\text{V}$，求 I。

（2）图 1-13（b）中，已知 $I = -2\text{A}$，求 U。

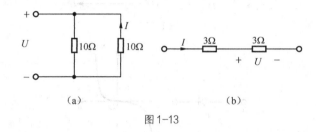

图 1-13

解

（1）图 1-13（a）中电压和电流的参考方向是非关联的，即

$$I = -\frac{U}{R} = -\frac{5}{10} = -0.5\,(\text{A})$$

（2）图 1-13（b）中电压和电流的参考方向是关联的，即

$$U = IR = (-2) \times 3 = -6\,(\text{V})$$

1.3.2 电容元件

1. 电容元件的伏安特性

电容元件是一种能够储存电场能量的元件，其电路符号如图 1-14 所示。

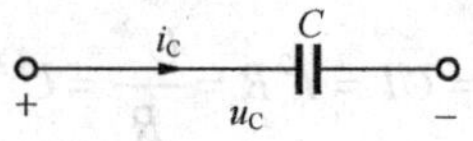

图 1-14

当电容元件的端电压 u_C 随时间发生变化时，存储在电容元件极板上的电荷 q 将随之变化，在电容元件支路中将出现电流 i_C。

如果电压和电流为关联参考方向，电容元件的伏安特性为

$$i_C = \frac{\mathrm{d}q}{\mathrm{d}t} = C\frac{\mathrm{d}u_C}{\mathrm{d}t} \tag{1-3-7}$$

如果电压和电流为非关联参考方向，则电容元件的伏安特性为

$$i_C = -C \frac{\mathrm{d}u_C}{\mathrm{d}t} \qquad (1\text{-}3\text{-}8)$$

式中，C 称为该元件的电容（值）。

在国际单位制中，电容 C 的单位为法拉（符号为 F），常用单位还有微法（μF）和皮法（pF），其关系为

$$1F = 10^6 \mu F = 10^{12} pF$$

从式（1-3-7）、式（1-3-8）可以看出：任一时刻电容元件的电流与该时刻电压的变化率成正比，其比例系数为电容 C。当 C 为常数时，该电容元件称为线性电容元件。当电容元件的电压发生剧变（即 $\mathrm{d}u/\mathrm{d}t$ 很大）时，电流也很大；当电压不随时间变化时，则电流为零，这时电容元件相当于开路。故电容元件具有通交流隔直流的作用。

2. 电容元件的惯性特性

由式（1-3-7）可得

$$u(t) = \frac{1}{C} \int_{-\infty}^{t} i(\tau)\mathrm{d}\tau = \frac{1}{C} \int_{-\infty}^{t_0} i(\tau)\mathrm{d}\tau + \frac{1}{C} \int_{t_0}^{t} i(\tau)\mathrm{d}\tau$$

$$= u(t_0) + \frac{1}{C} \int_{t_0}^{t} i(\tau)\mathrm{d}\tau$$

若取 $t_0 = 0$，则

$$u(t) = u(0) + \frac{1}{C} \int_{0}^{t} i(\tau)\mathrm{d}\tau \qquad (1\text{-}3\text{-}9)$$

由此说明：电容元件的电压在任何时刻都不能突变，称为电容元件的惯性特性。

3. 电容元件的功率和储能

若电压和电流为关联参考方向，则电容元件的瞬时功率为

$$p_C = u_C i_C = u_C \cdot C \frac{\mathrm{d}u_C}{\mathrm{d}t} \qquad (1\text{-}3\text{-}10)$$

式中，$\frac{\mathrm{d}u_C}{\mathrm{d}t}$ 的正、负可以与 u_C 相同，也可以与 u_C 相反，故 p_C 可以为正值，也可为负值。当 $p_C > 0$ 时，表明电容元件从外电路吸收功率（作为电场能储存起来）；当 $p_C < 0$ 时，表明电容元件向外电路释放功率（将储存的电场能释放出来还给外电路）。

电容元件在任何时刻 t 所储存的电场能量与该时刻电容元件电压的平方成正比，即

$$w_C(t) = \frac{1}{2} C u_C^2(t) \qquad (1\text{-}3\text{-}11)$$

由此说明：电容元件是一个储能元件，这点与电阻元件完全不同。

例 1.3 设通过电容 C 的电流波形如图 1-15（a）所示，已知：$C = 1\mathrm{F}$，$u_C(0) = 0$，试求电容电压 $u_C(t)$ 的表达式，并画出其波形。

解 由图 1-15（a）波形可知，$i_C(t)$ 的表达式为

$$i_C(t) = \begin{cases} 1(\mathrm{A}) & (0 < t < 1) \\ -1(\mathrm{A}) & (1 < t < 2) \end{cases}$$

在 $0 < t < 1$ 时

$$u_C(t) = \frac{1}{C} \int_0^t i(\tau) \mathrm{d}\tau = \int_0^t 1 \mathrm{d}\tau = t \,(\mathrm{V})$$

在 $1 < t < 2$ 时

$$u_C(t) = \frac{1}{C} \int_0^t i(\tau) \mathrm{d}\tau = \frac{1}{C} \int_0^1 1 \mathrm{d}\tau + \frac{1}{C} \int_1^t (-1) \mathrm{d}\tau = 1 - (t-1) = 2 - t \,(\mathrm{V})$$

所以

$$u_C(t) = \begin{cases} t \,(\mathrm{V}) & (0 < t < 1) \\ 2 - t \,(\mathrm{V}) & (1 < t < 2) \end{cases}$$

其波形如图 1-15（b）所示。

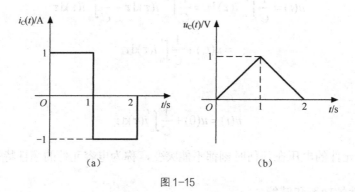

图 1-15

1.3.3 电感元件

1. 电感元件的伏安特性

电感元件也是一种储能元件，其电路符号如图 1-16 所示。当电流与电压为关联参考方向时，由物理学的知识可知电感元件的伏安特性为

$$u_L = \frac{\mathrm{d}\Phi}{\mathrm{d}t} = \frac{\mathrm{d}(Li_L)}{\mathrm{d}t} = L \frac{\mathrm{d}i_L}{\mathrm{d}t} \tag{1-3-12}$$

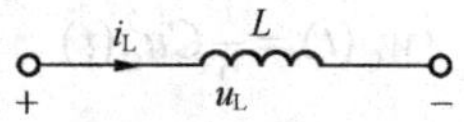

图 1-16

如果电流和电压为非关联参考方向，则式（1-3-12）可记为

$$u_L = -L \frac{di_L}{dt} \qquad (1\text{-}3\text{-}13)$$

式中，L 称为该元件的电感（值）。

在国际单位制中，电感 L 的单位为亨利（符号为 H），常用单位还有毫亨（mH）和微亨（μH），其关系为

$$1H = 10^3 mH = 10^6 \mu H$$

由式（1-3-12）和式（1-3-13）可以看出：任一时刻电感元件上的电压与该时刻电流的变化率成正比。电流变化越快，则感应电压越高；电流变化越慢，则感应电压越低。当电流不随时间变化时，则感应电压为零，这时电感元件相当于短路，故电感元件具有通直流阻交流的作用。

2. 电感元件的惯性特性

由式（1-3-12）可得

$$i(t) = \frac{1}{L} \int_{-\infty}^{t} u(\tau)d\tau = \frac{1}{L} \int_{-\infty}^{t_0} u(\tau)d\tau + \frac{1}{L} \int_{t_0}^{t} u(\tau)d\tau$$

$$= i(t_0) + \frac{1}{L} \int_{t_0}^{t} u(\tau)d\tau$$

若取 $t_0 = 0$，则

$$i(t) = i(0) + \frac{1}{L} \int_{0}^{t} u(\tau)d\tau \qquad (1\text{-}3\text{-}14)$$

由此说明：电感元件的电流在任何时刻都不能突变，称为电感元件的惯性特性。

3. 电感元件的功率和储能

与电容元件类似，电感元件也在不断地与外电路进行能量的交换。若电压和电流为关联参考方向，则电感元件的瞬时功率为

$$p_L = u_L i_L = L \frac{di_L}{dt} \cdot i_L \qquad (1\text{-}3\text{-}15)$$

当 $p_L > 0$ 时，表明电感元件由外电路吸收能量并储存于磁场中；当 $p_L < 0$ 时，则电感元件释放磁场能量交还给外电路。

电感元件在任一时刻 t 所储存的磁场能量与该时刻电感电流的平方成正比，即

$$w_L(t) = \frac{1}{2} L i_L^2(t)$$

例 1.4 设通过电感 L 的电流波形如图 1-17（a）所示，已知 $L = 1H$，试求电感电压 $u_L(t)$ 的表达式，并画出其波形。

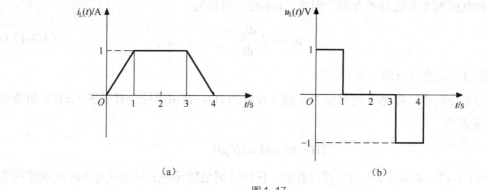

图 1-17

解 由图 1-17（a）波形可知，$i_L(t)$ 的表达式为

$$i_L(t) = \begin{cases} t\,(\text{A}) & (0 \leq t \leq 1) \\ 1\,(\text{A}) & (1 \leq t \leq 3) \\ -(t-4)\,(\text{A}) & (3 \leq t \leq 4) \end{cases}$$

由 $u_L(t) = L\dfrac{\mathrm{d}i_L}{\mathrm{d}t}$ 可得

$$u_L(t) = \begin{cases} 1\,(\text{V}) & (0 \leq t \leq 1) \\ 0\,(\text{V}) & (1 \leq t \leq 3) \\ -1\,(\text{V}) & (3 \leq t \leq 4) \end{cases}$$

其波形如图 1-17（b）所示。

练习与思考

1. 求图 1-18 中未知的电流 I 和电压 U。

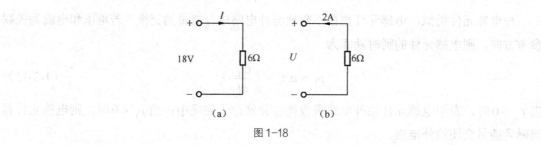

图 1-18

2. 求如下条件下图 1-19 中电阻的电压 U。

（1）$G = 0.1\text{S}$，$I = -2\text{A}$。

（2）$R = 4\Omega$，电阻消耗功率为 16W。

（3）$I = 3\text{A}$，电阻消耗功率为 6W。

图 1-19

1.4 电源

电源分为独立电源（又称激励源）和非独立电源（又称受控源）两大类。

1.4.1 独立电源

按功能的不同，独立电源分为：为电路提供能量的能量源和为电路提供信号的信号源。

1. 电压源

（1）理想电压源。如果一个二端器件接入任一电路后，其两端的电压 U 总能保持稳定的值 U_S 或是按一定规律随时间变化（用函数 $u_S(t)$ 表示），而与通过它的电流 I 无关，则该二端元器件称为理想电压源。图 1-20 所示为理想电压源的符号与伏安特性。

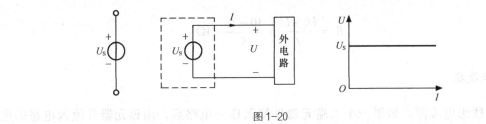

图 1-20

（2）实际电压源。实际电压源的端电压 U 与输出的电流 I 有关，输出的电流 I 越大，端电压 U 下降得越多，这主要是因为电源内部存在一定的内阻，这种实际电压源简称为电压源，其模型可以用一个理想电压源 U_S 和内阻 R_S 串联表示，如图 1-21 所示。

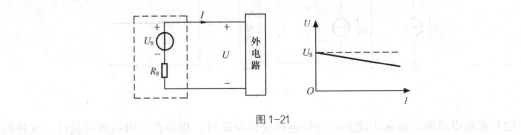

图 1-21

电压源的伏安特性为

$$U = U_S - IR_S \tag{1-4-1}$$

由上式可以看出：电压源的端电压 U 是低于额定值 U_S 的，电流越大，电压源内阻上的压降 IR_S 就越大，端电压也就越低。电压源的内阻 R_S 越小，就越接近于理想电压源。因此，理想电压源可以看作是电压源内阻为零时的情况。

例1.5 某电压源的开路电压为 30V，当外接电阻 R 后，其端电压为 25V，此时流过电源的电流为 5A，求 R 及电压源内阻 R_S。

解 用理想电压源和内阻串联模型表征此电压源，得电路如图 1-22 所示。

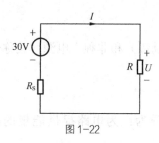

图 1-22

设电流及电压的参考方向如图所示，根据欧姆定律可得

$$R = \frac{U}{I} = \frac{25}{5} = 5\Omega$$

根据

$$U_S = U + R_S I$$

可得

$$R_S = \frac{U_S - U}{I} = \frac{30 - 25}{5} = 1\Omega$$

2. 电流源

（1）理想电流源。如果一个二端元器件接入任一电路后，由该元器件流入电路的电流 I 总能保持稳定的值 I_S 或是按一定规律随时间变化（用函数 $i_S(t)$ 表示），而与其两端的电压 U 无关，则该二端元器件称为理想电流源。图 1-23 所示为理想电流源的符号与伏安特性。

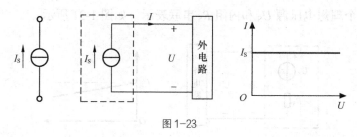

图 1-23

（2）实际电流源。实际电流源在向外电路提供电流时，也存在一定的内部损耗，这种损耗可以用一个内阻 R_S 来表示。实际电流源模型可以用一个理想电流源 I_S 和内阻 R_S 相并联来

表示，如图 1-24 所示。实际电流源简称为电流源，其伏安特性为

$$I = I_S - \frac{U}{R_S} \tag{1-4-2}$$

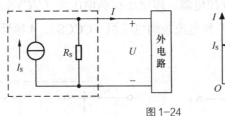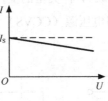

图 1-24

由上式可以看出：电流源输出的电流 I 随输出电压 U 的增大而减小。内阻 R_S 越大，输出电流 I 受输出电压 U 的影响越小，当 $R_S \to \infty$ 时，即为理想电流源。

例 1.6 电路如图 1-25 所示，试求解下述问题。

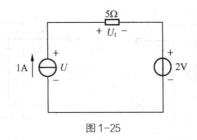

图 1-25

（1）电阻两端的电压 U_1。

（2）电流源两端的电压 U 及功率 P。

解

（1）由于 1A 电流源为理想电流源，因此流过 5Ω 电阻的电流就是 1A，根据欧姆定律，即

$$U_1 = 5 \times 1 = 5\,(\text{V})$$

（2）电流源两端的电压包括电阻的电压 U_1 和 2V 电压源，即

$$U = U_1 + 2 = 5 + 2 = 7\,(\text{V})$$

因为电流源上的电流与电压为非关联参考方向，故

$$P = -1 \times 7 = -7\,(\text{W})\,（供出）$$

1.4.2 受控电源

独立电源是电路的输入，是外界对电路的"激励"。而受控电源则与独立电源不同，它仅表示电子器件中所发生的物理现象。

受控电源输出的电压或电流不由其本身决定，而是受另一支路的电压或电流的控制；将

另一支路的电压或电流称为控制量，并将该支路称为输入端。受控电源是一个四端元器件，在电路图中用菱形符号表示，与独立电源有所区别。

受控电源也有电压源和电流源之分。它们又都可能受另一支路的电压或电流的控制，于是有 4 种组合，形成 4 种类型的受控电源，即电压控制电压源（VCVS）、电压控制电流源（VCCS）、电流控制电压源（CCVS）和电流控制电流源（CCCS）。4 种受控电源的电路模型如图 1-26 所示。

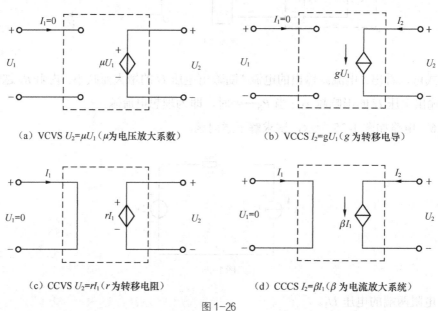

（a）VCVS $U_2=\mu U_1$（μ 为电压放大系数）　　　　（b）VCCS $I_2=gU_1$（g 为转移电导）

（c）CCVS $U_2=rI_1$（r 为转移电阻）　　　　（d）CCCS $I_2=\beta I_1$（β 为电流放大系统）

图 1-26

受控电源的输出除了要受控制量的控制外，受控电压源与理想电压源的特性相同，受控电流源与理想电流源的特性相同，因此，图 1-26 所示的 4 种受控电源都是理想受控电源。当控制系数 μ、r、g、β 为常数时，受控量（即输出）与控制量（即输入）成正比，这样的受控电源称为线性受控电源。

应当指出：尽管受控电源也称为电源，但与独立电源相比，却有本质区别。独立电源在电路中起激励作用，有了它电路就产生电压和电流（称为响应）；而受控电源不起激励作用，其电压或电流是受电路中另一支路的电压或电流控制的，控制量存在，受控电源就存在，控制量为零，则受控电源也为零。当电路中无独立电源时，则各支路的电流和电压都为零（即控制量为零），此时受控电源也为零。换言之，受控电源的存在与否，完全取决于控制量的存在与否。

受控电源实际上是有源器件（晶体管、电子管、场效应管、运算放大器等）的电路模型。

练习与思考

1. 计算图 1-27 所示电路中电压源的功率，并说明是发出功率还是吸收功率。

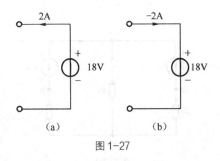

图1-27

2. 写出图1-28中各电源模型对应的 *U-I* 关系式。

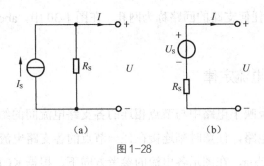

图1-28

3. 求图1-29中电流源的输出功率 *P*。

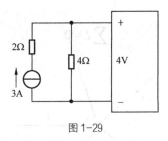

图1-29

1.5 基尔霍夫定律

基尔霍夫定律是电路中电压和电流所遵循的基本规律，也是分析和计算电路的基础。在介绍基尔霍夫定律之前，先介绍几个有关的电路名词。

① 支路：单个电路元器件或若干个电路元器件的串联，即构成电路的 1 个分支。1 个分支上流经的是同一个电流，电路中每个分支都称为支路。如图 1-30 所示，abc、adc、ac 为 3 条支路，其中 abc、adc 支路包含电源，称为有源支路，ac 支路无电源称为无源支路。

② 节点：3 条或 3 条以上支路的连接点称为节点。在图 1-30 中，a、c 称为节点，b、

d 则不是节点。

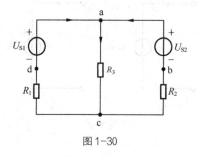

图 1-30

③ 回路：由支路构成的任一闭合路径称为回路。

④ 网孔：内部不含任何支路的回路称为网孔。在图 1-30 中，abcda、abca、adca 是回路，abca、adca 是网孔。

1.5.1 基尔霍夫电流定律

基尔霍夫电流定律反映了电路中与节点相连的各支路电流间的约束关系，简称 KCL，其内容是：对于集中参数电路，任意时刻连接在任一节点的各支路电流的代数和恒为零。

如图 1-31 所示的节点 a，在图示各电流的参考方向下，根据 KCL，则有

$$I_1 + I_2 + I_3 - I_4 + I_5 = 0$$

其一般形式为

$$\sum I = 0 \qquad\qquad (1\text{-}5\text{-}1)$$

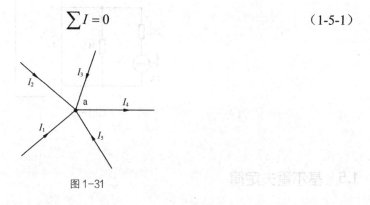

图 1-31

这里设流入节点的电流为正，流出节点的电流为负。当然也可以做相反的规定。式（1-5-1）称为节点电流方程，简称 KCL 方程。

KCL 不仅适用于节点，还可用于包围几个节点的封闭面。如图 1-32 所示电路中，将节点 1、2、3 包围在一个封闭面内，对该封闭面而言也应有

$$\sum I = 0$$

即

$$I_1 - I_2 + I_3 = 0$$

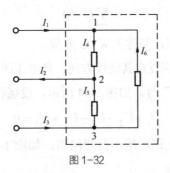

图 1-32

根据 KCL，有

$$节点 1: \quad I_1 - I_4 + I_6 = 0 \tag{1-5-2}$$

$$节点 2: \quad -I_2 + I_4 - I_5 = 0 \tag{1-5-3}$$

$$节点 3: \quad I_3 + I_5 - I_6 = 0 \tag{1-5-4}$$

将以上 3 个公式相加，得

$$I_1 - I_2 + I_3 = 0$$

可见，流入（或流出）一个封闭面的各支路电流的代数和恒为零，此即为广义的 KCL 方程。

例 1.7 在图 1-33 所示电路中，已知 $R_1=2\Omega$，$R_2=4\Omega$，$R_3=6\Omega$，$U_S=10V$，求各支路电流。

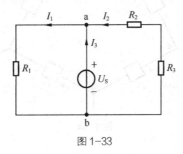

图 1-33

解 设各支路电流的参考方向如图 1-33 所示，由于 $U_{ab}= U_S=10V$，根据欧姆定律，有

$$I_1 = \frac{U_{ab}}{R_1} = \frac{10}{2} = 5\,(\text{A})$$

$$I_2 = -\frac{U_{ab}}{R_2 + R_3} = -\frac{10}{4+6} = -1\,(\text{A})$$

对节点 a，列 KCL 方程，有

$$-I_1 + I_2 + I_3 = 0$$

$$I_3 = I_1 - I_2 = 5 - (-1) = 6\,(\text{A})$$

1.5.2 基尔霍夫电压定律

基尔霍夫电压定律反映了回路中各支路电压间的约束关系，简称 KVL，其内容是：对于集中参数电路，任意时刻任一回路的各支路电压的代数和恒为零，即

$$\sum U = 0 \qquad\qquad (1\text{-}5\text{-}5)$$

式（1-5-5）称为回路的电压方程，简称为 KVL 方程。

在列写 KVL 方程时，首先应设定其绕行方向，凡电压的参考方向与绕行方向一致的，则该电压前取"+"号，否则取"–"号。如图 1-34 所示，设绕行方向为顺时针方向，则有

$$U_1 + U_2 - U_3 - U_4 + U_5 = 0$$

KVL 不仅适用于实际回路，还可用于假想回路。如图 1-34 所示，可假想有 abca 回路，绕行方向不变，根据 KVL，则有

$$U_1 + U_2 + U_{ca} = 0$$

由此可得

$$U_{ca} = -U_1 - U_2$$

即

$$U_{ac} = -U_{ca} = U_1 + U_2$$

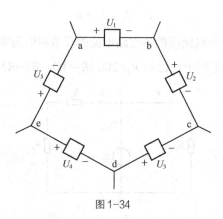

图 1-34

应用 KVL 时，回路的绕行方向是任意设定的，一经设定，回路中各电压前的正、负号也将随之确定，即凡与绕行方向一致者取正号，不一致者取负号。

例 1.8 电路如图 1-35 所示，有关数据已标出，求 I_2、I_3、R_1、R_2 和 U_S 的值。

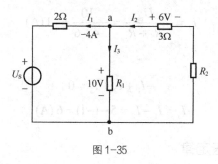

图 1-35

解 设左边网孔绕行方向为顺时针方向，依 KVL，有

$$-U_S - 2I_1 + 10 = 0$$

代入数值后，有

$$U_S = -2 \times (-4) + 10 = 18\,(\mathrm{V})$$

$$I_2 = -\frac{6}{3} = -2\,(\mathrm{A})$$

对于节点 a，依 KCL，有

$$I_3 = I_2 - I_1 = (-2) - (-4) = 2\,(\mathrm{A})$$

则

$$R_1 = \frac{10}{I_3} = \frac{10}{2} = 5\Omega$$

对右边网孔设定逆时针为绕行方向，依 KVL，有

$$I_2 R_2 - 6 + 10 = 0$$

则

$$R_2 = \frac{6-10}{I_2} = \frac{-4}{-2} = 2\Omega$$

练习与思考

1. 求图 1-36 所示各局部电路的未知电流。

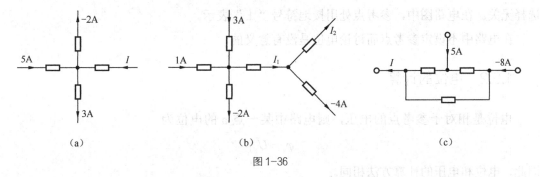

（a） （b） （c）

图 1-36

2. 如图 1-37 所示，已知：$U_1 = 2\mathrm{V}$，$U_2 = 10\mathrm{V}$，$U_4 = 2\mathrm{V}$，$I_1 = 2\mathrm{A}$，$I_2 = 1\mathrm{A}$，$I_3 = 2\mathrm{A}$，试计算 U_3、U_5、U_6 和 I_4。

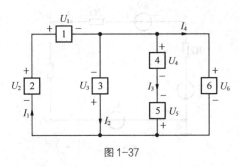

图 1-37

3．如图 1-38 所示电路，求 I、U、R。

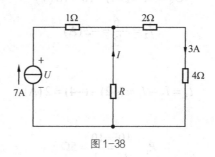

图 1-38

1.6 用电位的概念分析电路

在电路的分析计算中，除了用电压这一物理量外，还常用到电位这一物理量。

1.6.1 电位及其参考点

在电路中任选一点作为参考点，则电路中某点的电位就是该点到参考点的电压，规定参考点的电位为零，电位常用符号 φ 表示。

参考点是可以任意选定的，但一经选定，各点电位的计算即以该参考点为准。如果换一个参考点，则各点电位也就不同，即电位随参考点的选择而异，但两点间的电压与参考点的选择无关。在电路图中，参考点处用接地符号"⊥"表示。

在电路中不设定参考点而讨论电位是没有意义的。

1.6.2 电位的计算

电位是相对于参考点的电压，则电路中某一点 a 的电位为

$$\varphi_a = U_{a\perp}$$

因此，电位和电压的计算方法相同。

例 1.9 求图 1-39 所示电路中各点的电位。

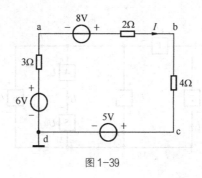

图 1-39

解 因为 d 为参考点，故

$$\varphi_d = 0 \text{ (V)}$$

根据基尔霍夫电压定律，有

$$(2+4+3)I - 8 + 5 - 6 = 0$$

$$I = \frac{8+6-5}{(2+4+3)} = 1 \text{ (A)}$$

$$\varphi_a = U_{ad} = -3I + 6 = 3 \text{ (V)}$$

$$\varphi_b = U_{bd} = 4I + 5 = 9 \text{ (V)}$$

$$\varphi_c = U_{cd} = 5 \text{ (V)}$$

1.6.3　有接地点电路的习惯画法

如图 1-40（a）所示电路，当 d 为参考点时，则 $\varphi_a = +U_{S1}$，$\varphi_c = -U_{S2}$，可将其画成如图 1-40（b）所示的形式，称其为"习惯画法"。

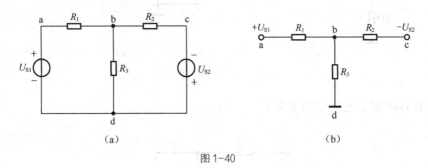

（a）　　　　　　　　　　　　（b）

图 1-40

顺便提及等电位点概念，把电路中电位相同的点称为等电位点。对于两个等电位点可以将其短路或开路，都不会对电路产生任何影响，这一点在分析电路时很有用。

例 1.10　求图 1-41 所示电路中 a 的电位。

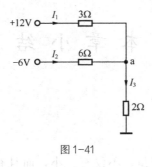

图 1-41

解　根据 KCL，有

$$I_1 + I_2 = I_3$$

$$\frac{12-\varphi_a}{3}+\frac{(-6)-\varphi_a}{6}=\frac{\varphi_a}{2}$$

$$24-2\varphi_a-6-\varphi_a=3\varphi_a$$

$$6\varphi_a=18$$

$$\varphi_a=3\,(\text{V})$$

练习与思考

1. 求图 1-42 所示电路中 a 点的电位。

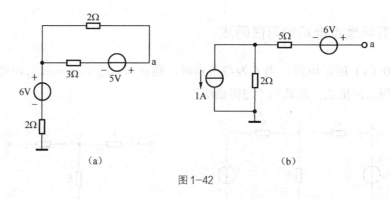

（a）　　　　　　　　　　　（b）

图 1-42

2. 求图 1-43 所示电路中的电流 I。

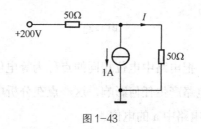

图 1-43

本 章 小 结

1. 电路的基本变量

（1）电压、电流和电位

电压和电流是电路的基本变量，不仅有大小，而且有方向。分析电路时仅考虑电压和电流的参考方向；习惯上常用关联参考方向，即电流的方向是从电压的高电位指向低电位。

电路中某点的电位就是该点到参考点的电压，参考点不同，则该点的电位不同，其计算方法与电压相同。

（2）功率

在电压和电流为关联参考方向时，某元器件或某段电路的功率为 $P = UI$；在非关联参考方向时，$P = -UI$。

若 $P > 0$，表明该元器件是负载，消耗（或吸收）功率；若 $P < 0$，表明该元器件是电源，供给功率。

2．电路的基本元件

（1）电阻元件

电阻元件在关联参考方向下的伏安关系为 $U_R = I_R R$，其功率为

$$P_R = U_R I_R = \frac{U_R^2}{R} = I_R^2 R > 0$$

因此，电阻元件是耗能元件。

（2）电感和电容

电感元件和电容元件在关联参考方向下的伏安关系为

$$u_L = L\frac{di_L}{dt}, \quad i_C = C\frac{du_C}{dt}$$

因此，电感元件和电容元件具有动态特性和惯性特性。

电感元件和电容元件是储能元件，电感元件储存的磁能为 $w_L = \frac{1}{2}Li_L^2(t)$；电容元件储存的电能为 $w_C = \frac{1}{2}Cu_C^2(t)$。

3．电源

电源分为独立电源和受控电源。

独立电源又分为电压源和电流源，理想电压源能向外电路提供一个恒定的或按一定时间函数变化的电压，而其电流则受外电路的影响；理想电流源能向外电路提供一个恒定的或按一定时间函数变化的电流，而其电压则受外电路的影响。

受控电源不是激励，是电路的一种物理现象。受控电源可分为 VCVS、VCCS、CCVS 和 CCCS 四种。

4．电路的基本定律

（1）欧姆定律

欧姆定律反映了电阻元件电流和电压之间的关系，表明了电阻元件的伏安特性。在关联

参考方向下，有

$$U = IR \text{（直流电路）}, \quad u = iR \text{（交流电路）}$$

在非关联参考方向下，有

$$U = -IR \text{（直流电路）}, \quad u = -iR \text{（交流电路）}$$

（2）基尔霍夫定律

基尔霍夫定律反映了电路结构间的约束关系，称为拓扑约束。

KCL 方程确定了电路中各支路电流之间的约束关系，其内容为：在任一时刻，对电路任一节点有 $\sum I = 0$（交流电路为 $\sum i = 0$）。使用时，若选流入节点的支路电流为"+"，则流出节点的电流为"-"；反之亦可。

KVL 方程确定了回路中各电压之间的约束关系，其内容为：在任一时刻，对电路任一回路有 $\sum U = 0$（交流电路为 $\sum u = 0$）。使用时，先设定绕行方向，与回路绕行方向一致的电压（即电压降）取"+"，不一致的取"-"。

习 题 1

1. 电路如图 1-44 所示，试求解下述问题。

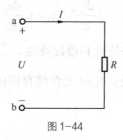

图 1-44

（1）已知 I=2mA，U=10V，求 R。

（2）已知 U=10V，R=100Ω，求 I。

（3）已知 R=100Ω，I=2 mA，求 U。

（4）已知 R=100Ω，求 G。

2. 电路如图 1-45 所示，已知 U_S=10V，R=100Ω，试求解下述问题。

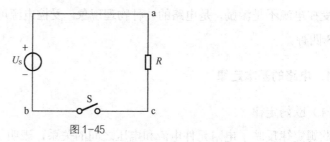

图 1-45

（1）开关打开时，求电压 U_{ac} 和 U_{bc}。

（2）开关闭合时，求电压 U_{ac} 和 U_{bc}。

3．求图 1-46 所示电路中的电压 U。

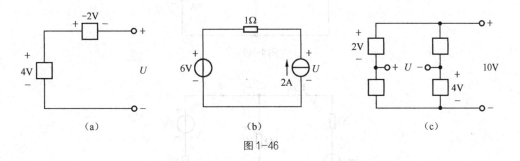

图 1-46

4．求图 1-47 所示电路中的电流 I。

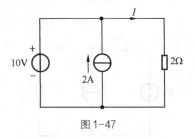

图 1-47

5．求图 1-48 所示电路中的电压 U_{ac}。

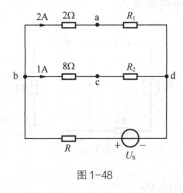

图 1-48

6．某电烙铁的电阻 $R=2k\Omega$，电源电压 $U=220V$，试求解下述问题。

（1）流过该电烙铁的电流 I 为多少？

（2）该电烙铁的功率 P 为多少？

7．求图 1-49 所示电路中的电流 I 和电压 U。

8．如图 1-50 所示电路，求 I、U、R 及 P_R。

9．求图 1-51 所示电路中电阻 R 吸收的功率 P。

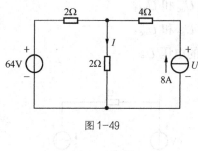

图 1-49

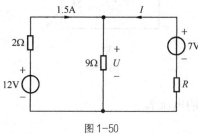

图 1-50

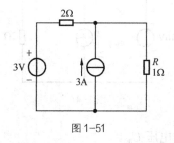

图 1-51

10. 求图 1-52 所示电路的短路电流 I。

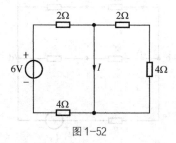

图 1-52

11. 求图 1-53 所示电路的电压 U。

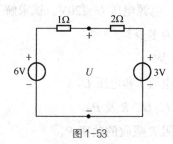

图 1-53

12．求图 1-54 所示各段电路的电压 U_{ab}。

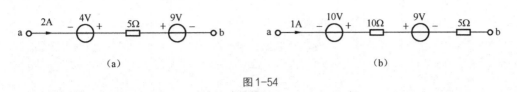

图 1-54

13．求图 1-55 所示电路中的电压 U 和电流 I。

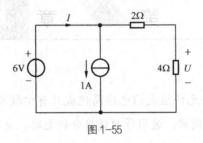

图 1-55

14．如图 1-56 所示电路中，$R_1 = 2\Omega$，$R_2 = 4\Omega$，$R_3 = 8\Omega$，$R_4 = 12\Omega$，$U_{S1} = 8V$，要使 R_1 中的电流 I_1 为 0，求 U_{S2} 为多少？

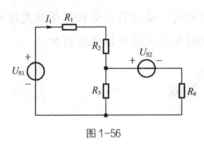

图 1-56

15．求图 1-57 所示电路中各点的电位。

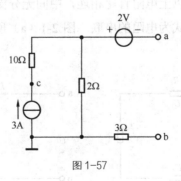

图 1-57

第2章 电路的等效变换

电路的等效，是指把多个元件组成的电路简化成只有少数几个元件甚至一个元件组成的电路，从而使分析的问题变得简单。运用等效变换分析电路，是电路分析中经常使用的方法，在电路分析中有着重要的地位。

本章首先讨论电阻串、并联电路的等效，由此引入无源二端网络的等效问题；再进一步介绍多端无源电路的等效变换，即△-Y 形等效变换；然后讨论两种实际电源模型的等效变换，由此引入有源二端网络的等效问题；最后引出受控源等效变换的概念。

学习本章，要求熟练掌握用等效变换分析电路的方法。

2.1 电阻的串联、并联、混联

2.1.1 电阻的串联

在电路中如果两个或两个以上电阻首尾相连，中间无分支，在电源作用下，通过各电阻的电流都相等，则称此连接方式为电阻的串联。图 2-1（a）所示为 R_1、R_2 和 R_3 3 个电阻相串联，它们通过相同的电流 I。

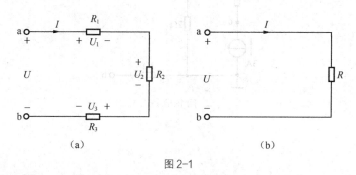

(a)   (b)

图 2-1

设电压和电流的参考方向如图 2-1（a）所示，则根据 KVL，可得

$$U = U_1 + U_2 + U_3 \tag{2-1-1}$$

由欧姆定律可得

$$\begin{cases} U_1 = R_1 I \\ U_2 = R_2 I \\ U_3 = R_3 I \end{cases} \tag{2-1-2}$$

由式（2-1-1）和式（2-1-2）可得

$$U = (R_1 + R_2 + R_3)I \tag{2-1-3}$$

上式表明了图 2-1（a）电路在 a、b 端点上电压和电流的关系。由式（2-1-3）可以看出，如果用一个电阻

$$R = R_1 + R_2 + R_3 \tag{2-1-4}$$

替代图 2-1（a）电路中 3 个相串联的电阻，如图 2-1（b）所示，则在外端钮上 U 和 I 的关系不变，即电阻 R 与原来 3 个电阻的串联对外电路具有相同的效果。这种替代称为等效替代或等效变换，电阻 R 则称为 R_1、R_2 和 R_3 相串联的等效电阻，图 2-1（b）为图 2-1（a）的等效电路。

以上结果可以推出：当 n 个电阻相串联时，其等效电阻等于这 n 个电阻之和。

若已知总电压 U，根据式（2-1-3）和式（2-1-4），可求出各电阻的电压为

$$\begin{cases} U_1 = R_1 I = \dfrac{R_1}{R}U \\[2mm] U_2 = R_2 I = \dfrac{R_2}{R}U \\[2mm] U_3 = R_3 I = \dfrac{R_3}{R}U \end{cases} \tag{2-1-5}$$

式（2-1-5）为串联电阻的分压公式，由此可得

$$U_1 : U_2 : U_3 = R_1 : R_2 : R_3$$

上式说明：串联电阻上电压的分配与电阻大小成正比。

若式（2-1-1）两边同乘以电流 I，则得

$$UI = U_1 I + U_2 I + U_3 I$$

即

$$P = P_1 + P_2 + P_3$$

式中，$P = UI$ 为等效电阻消耗的功率，$P_1 = U_1 I$、$P_2 = U_2 I$、$P_3 = U_3 I$ 分别为电阻 R_1、R_2、R_3 消耗的功率。上式说明：等效电阻消耗的功率等于各串联电阻消耗功率之和。

各电阻消耗的功率可写成

$$P_1 = I^2 R_1$$

$$P_2 = I^2 R_2$$

$$P_3 = I^2 R_3$$

故

$$P_1 : P_2 : P_3 = R_1 : R_2 : R_3$$

上式说明：电阻串联时，各电阻消耗的功率与电阻大小成正比。

2.1.2 电阻的并联

在电路中如果两个或两个以上电阻首尾两端分别连接于两点之间，各电阻两端的电压都相等，则称此连接方式为电阻的并联。图 2-2（a）所示为 R_1、R_2 和 R_3 3 个电阻相并联，它们具有相同的电压 U。

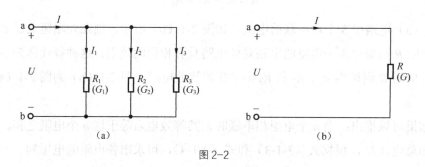

图 2-2

设电压和电流的参考方向如图 2-2（a）所示，则根据 KCL，可得

$$I = I_1 + I_2 + I_3 \qquad (2\text{-}1\text{-}6)$$

由欧姆定律可得

$$\begin{cases} I_1 = \dfrac{U}{R_1} = G_1 U \\[2mm] I_2 = \dfrac{U}{R_2} = G_2 U \\[2mm] I_3 = \dfrac{U}{R_3} = G_3 U \end{cases} \qquad (2\text{-}1\text{-}7)$$

式中，G_1、G_2、G_3 分别为各电阻的电导，由式（2-1-6）和式（2-1-7）可得

$$I = (G_1 + G_2 + G_3)U \qquad (2\text{-}1\text{-}8)$$

上式表明了图 2-2（a）电路端电压和电流的关系，如果用一个电导

$$G = G_1 + G_2 + G_3 \qquad (2\text{-}1\text{-}9)$$

替代图 2-2（a）电路中 3 个相并联的电导，如图 2-2（b）所示，则对 a、b 端点上 U 和 I 的关系不变，即电导 G 与原来 3 个电导的并联对外电路具有相同的效果。电导 G 为 G_1、G_2 和 G_3 相并联的等效电导，图 2-2（b）为图 2-2（a）的等效电路。显然，n 个电导相并联，其等

效电导等于 n 个电导之和。

式（2-1-9）如果用电阻表示，则有

$$\frac{1}{R} = \frac{1}{R_1} + \frac{1}{R_2} + \frac{1}{R_3}　　　　　(2\text{-}1\text{-}10)$$

式中，$R = \frac{1}{G}$ 为 R_1、R_2 和 R_3 并联后的等效电阻。

以上结果可以推出：当 n 个电导并联时，其等效电导等于这 n 个电导之和；或者说，当 n 个电阻并联时，其等效电阻的倒数等于这 n 个电阻倒数之和。

若已知总电流为 I，根据式（2-1-8）和式（2-1-9），可求出各电导支路的电流为

$$\begin{cases} I_1 = G_1 U = \dfrac{G_1}{G} I \\[2mm] I_2 = G_2 U = \dfrac{G_2}{G} I \\[2mm] I_3 = G_3 U = \dfrac{G_3}{G} I \end{cases}　　　　(2\text{-}1\text{-}11)$$

上式为并联电导的分流公式，由此可得

$$I_1 : I_2 : I_3 = G_1 : G_2 : G_3 = \frac{1}{R_1} : \frac{1}{R_2} : \frac{1}{R_3}$$

上式说明：并联电导中电流的分配与电导大小成正比，与电阻大小成反比。

若式（2-1-6）两边各乘以电压 U，可得

$$UI = UI_1 + UI_2 + UI_3$$

即

$$P = P_1 + P_2 + P_3$$

式中，$P = UI$ 为等效电阻消耗的功率，$P_1 = UI_1$、$P_2 = UI_2$、$P_3 = UI_3$ 分别为电阻 R_1、R_2、R_3 消耗的功率。上式说明：等效电阻消耗的功率等于各并联电阻消耗功率之和。

各电阻消耗的功率可写成

$$P_1 = \frac{U^2}{R_1} = U^2 G_1$$

$$P_2 = \frac{U^2}{R_2} = U^2 G_2$$

$$P_3 = \frac{U^2}{R_3} = U^2 G_3$$

故

$$P_1 : P_2 : P_3 = \frac{1}{R_1} : \frac{1}{R_2} : \frac{1}{R_3} = G_1 : G_2 : G_3$$

上式说明：电阻并联时，各电阻消耗的功率与电阻大小成反比，与电导大小成正比。

经常遇到两个电阻 R_1、R_2 的并联（可记为 $R_1//R_2$），其等效电阻计算公式为

$$R = R_1 // R_2 = \frac{R_1 R_2}{R_1 + R_2}$$

两个电阻的分流公式为

$$I_1 = \frac{R_2}{R_1 + R_2} I$$

$$I_2 = \frac{R_1}{R_1 + R_2} I$$

2.1.3 电阻的混联

既有电阻串联又有电阻并联的电路称为电阻混联电路。对于混联电路可以逐步用等效电阻替代原来串联、并联电阻进行化简，最后简化成为一个单回路电路。

由于一般混联电路不易一眼分辨出各电阻间的串、并联关系，因此要对原电路进行改画。改画的方法为：先在两个输入端子间找一条主路径（即从头至尾包含电阻个数最多的路径），然后把剩余的电阻按原来的连接端子分别并接在主路径相应的端子上。这样，各电阻间的连接关系就一目了然了，再按串、并联电阻等效变换的方法逐步简化，从而计算出混联电路的等效电阻。

例 2.1 求图 2-3（a）所示电路中 a、b 两端的等效电阻。

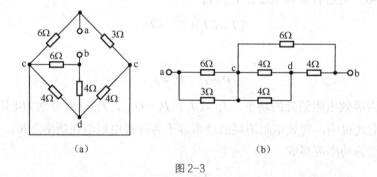

图 2-3

解 选 a 点经 c、d 至 b 点为主路径，再将剩余的电阻分别并接在主路径相应的端子上，如图 2-3（b）所示。由图 2-3（b）可清楚看出各电阻间的串、并联关系。

$$R_{ab} = 6//3 + 6//(4//4 + 4) = 5 \ (\Omega)$$

上式中，符号"//"表示该符号前后的两个电阻是并联关系。

例 2.2 求图 2-4 所示电路中的电流 I 和电压 U。

解 将图 2-4（a）改画成如图 2-4（b）所示电路，利用电阻的串、并联关系，可求出电压源两端的等效电阻。

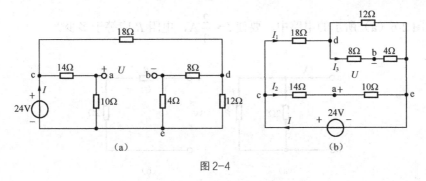

图 2-4

$$R_{ce} = (14+10)//[18+12//(8+4)] = 12\,(\Omega)$$

$$I = \frac{24}{12} = 2\,(A)$$

利用并联电路的分流关系，可得

$$I_1 = I \times \frac{14+10}{(14+10)+[18+12//(8+4)]} = 2 \times \frac{24}{48} = 1\,(A)$$

$$I_2 = I \times \frac{18+12//(8+4)}{(14+10)+[18+12//(8+4)]} = 2 \times \frac{24}{48} = 1\,(A)$$

$$I_3 = I_1 \times \frac{12}{12+(8+4)} = 1 \times \frac{12}{24} = 0.5\,(A)$$

即

$$U = 10I_2 - 4I_3 = 10 \times 1 - 4 \times 0.5 = 8\,(V)$$

练习与思考

1. 计算图 2-5 所示电路的等效电阻 R_{ab}。

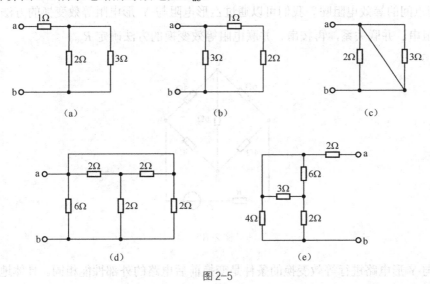

图 2-5

2. 在图 2-6（a）所示的电路中，要使 $I = \dfrac{2}{3}$ A，电阻 R 应等于多少？

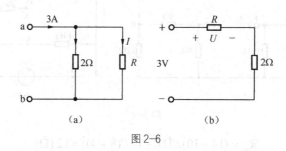

图 2-6

3. 在图 2-6（b）所示电路中，要使 $U = \dfrac{2}{3}$ V，电阻 R 应等于多少？

4. 求图 2-7 所示电路中的电压 U。

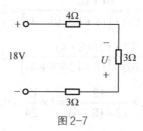

图 2-7

2.2 △形和 Y 形电阻电路的等效变换

有些电阻电路，它们既不能用电阻串、并联的方法进行等效变换，也不能用电路的等电位点进行等效化简。如图 2-8 所示的桥式电路，在电桥不平衡时，支路 cd 存在，此时如何计算 a、b 两点间的等效电阻呢？我们可以通过△形电阻与 Y 形电阻等效变换的方法，将电路等效成电阻串、并联关系，再按串、并联电阻等效变换的方法确定 R_{ab}。

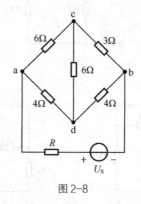

图 2-8

△形与 Y 形电路进行等效变换的条件是变换前后电路的外部性能相同。具体地说，必须

使任意对应两端点间的电阻相等，即当第三端点断开时，△形与 Y 形电路中每一对应端点间的总电阻应当相等。如图 2-9 所示电路中，当端点 3 断开时，两电路中端点 1、2 间的电阻相等，即

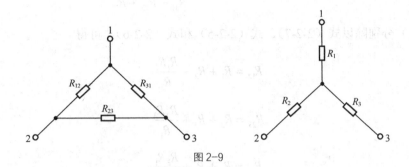

图 2-9

$$R_1 + R_2 = \frac{R_{12}(R_{23} + R_{31})}{R_{12} + (R_{23} + R_{31})} \qquad (2\text{-}2\text{-}1)$$

同理有

$$R_2 + R_3 = \frac{R_{23}(R_{12} + R_{31})}{R_{23} + (R_{12} + R_{31})} \qquad (2\text{-}2\text{-}2)$$

$$R_1 + R_3 = \frac{R_{31}(R_{23} + R_{12})}{R_{31} + (R_{23} + R_{12})} \qquad (2\text{-}2\text{-}3)$$

将式（2-2-1）、式（2-2-2）和式（2-2-3）相加后除以 2，可得

$$R_1 + R_2 + R_3 = \frac{R_{23}R_{12} + R_{31}R_{23} + R_{31}R_{12}}{R_{31} + R_{23} + R_{12}} \qquad (2\text{-}2\text{-}4)$$

将式（2-2-4）分别减去式（2-2-2）、式（2-2-3）和式（2-2-1），可得

$$R_1 = \frac{R_{31}R_{12}}{R_{31} + R_{23} + R_{12}} \qquad (2\text{-}2\text{-}5)$$

$$R_2 = \frac{R_{23}R_{12}}{R_{31} + R_{23} + R_{12}} \qquad (2\text{-}2\text{-}6)$$

$$R_3 = \frac{R_{31}R_{23}}{R_{31} + R_{23} + R_{12}} \qquad (2\text{-}2\text{-}7)$$

式（2-2-5）、式（2-2-6）和式（2-2-7）为△形电路等效变换成 Y 形电路的公式。如果△形电路中 3 个电阻相等，即

$$R_{31} = R_{23} = R_{12} = R$$

则

$$R_1 = R_2 = R_3 = \frac{R}{3}$$

欲将 Y 形电路等效变换成△形电路，可将式（2-2-5）、式（2-2-6）和式（2-2-7）两两相乘后再相加，可得

$$R_1R_2 + R_2R_3 + R_3R_1 = \frac{R_{12}R_{23}R_{31}}{R_{31} + R_{23} + R_{12}} \tag{2-2-8}$$

将式（2-2-8）分别除以式（2-2-7）、式（2-2-5）和式（2-2-6），可得

$$R_{12} = R_1 + R_2 + \frac{R_1R_2}{R_3} \tag{2-2-9}$$

$$R_{23} = R_2 + R_3 + \frac{R_2R_3}{R_1} \tag{2-2-10}$$

$$R_{31} = R_3 + R_1 + \frac{R_3R_1}{R_2} \tag{2-2-11}$$

式（2-2-9）、式（2-2-10）和式（2-2-11）为 Y 形电路等效变换为△形电路的公式。如果 Y 形电路的 3 个电阻相等，即

$$R_1 = R_2 = R_3 = R$$

则

$$R_{12} = R_{23} = R_{31} = 3R$$

应当指出：△形电路与 Y 形电路等效变换的公式只适用于无源网络，如果网络内任一支路含有电源，上述公式就不再适用。

例 2.3 在图 2-10 所示电路中，已知 $U_s = 2V$，$R_1 = 6\Omega$，$R_2 = 3\Omega$，$R_3 = 4\Omega$，$R_5 = 6\Omega$，$R = 2\Omega$，求解下述问题。

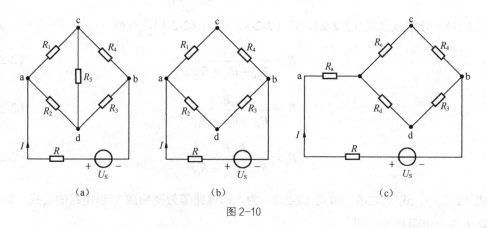

图 2-10

（1）若 $R_4 = 8\Omega$ 时，电流 I 为多少？

（2）若 $R_4 = 4\Omega$ 时，电流 I 为多少？

解 （1）图 2-10（a）所示为一个电桥电路，若 $R_4 = 8\Omega$，由于

$$R_1R_3 = R_2R_4 = 24\Omega$$

满足了电桥平衡的条件，故 R_5 支路电流为零，原电路的等效电路如图 2-10（b）所示。由图 2-10（b）可得

$$R_{ab} = (R_1 + R_4)//(R_2 + R_3) = \frac{(6+8)(3+4)}{(6+8)+(3+4)} = \frac{14}{3}(\Omega)$$

$$I = \frac{U_s}{R + R_{ab}} = \frac{2}{2 + 14/3} = 0.3(A)$$

（2）若 $R_4 = 4\Omega$，由于

$$R_1 R_3 \neq R_2 R_4$$

故电桥不平衡，R_5 支路有电流；根据△形与 Y 形电路的等效变换可将原电路等效为图 2-10（c）所示。图 2-10（c）中

$$R_a = \frac{R_1 R_2}{R_1 + R_2 + R_5} = \frac{18}{15} = 1.2(\Omega)$$

$$R_c = \frac{R_1 R_5}{R_1 + R_2 + R_5} = \frac{36}{15} = 2.4(\Omega)$$

$$R_d = \frac{R_2 R_5}{R_1 + R_2 + R_5} = \frac{18}{15} = 1.2(\Omega)$$

故

$$R_{ab} = R_a + (R_c + R_4)//(R_d + R_3) = 1.2 + \frac{(2.4+4)(1.2+4)}{(2.4+4)+(1.2+4)} \approx 4.07(\Omega)$$

$$I = \frac{U_s}{R + R_{ab}} = \frac{2}{2 + 4.07} \approx 0.33(A)$$

练习与思考

1. 计算图 2-11 所示电路的等效电阻 R_{ab}。

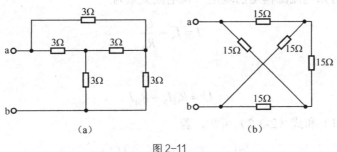

图 2-11

2. 电路如图 2-12 所示，求电源两端的等效电阻 R_{ad} 及电流 I_1 和 I_2。

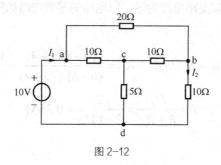

图 2-12

2.3 含源电路的等效变换

2.3.1 电压源与电流源的等效变换

第 1 章介绍了电压源模型和电流源模型。对外电路而言，这两种模型是可以等效互换的，现在来说明这两种模型的等效条件。

两种电源模型如图 2-13 所示。

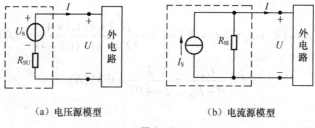

（a）电压源模型　　　　　　　　　（b）电流源模型

图 2-13

根据 KVL，可知电压源模型的端电压和电流关系为

$$U = U_{\mathrm{S}} - R_{\mathrm{SU}}I \tag{2-3-1}$$

根据 KCL，可知电流源模型的端电压和电流关系为

$$I = I_{\mathrm{S}} - \frac{U}{R_{\mathrm{SI}}}$$

即

$$U = R_{\mathrm{SI}}I_{\mathrm{S}} - R_{\mathrm{SI}}I \tag{2-3-2}$$

比较式（2-3-1）和式（2-3-2）可知，若

$$\begin{cases} U_{\mathrm{S}} = R_{\mathrm{SI}}I_{\mathrm{S}} \left(\text{或} I_{\mathrm{S}} = \dfrac{U_{\mathrm{S}}}{R_{\mathrm{SU}}} \right) \\ R_{\mathrm{SU}} = R_{\mathrm{SI}} \end{cases} \tag{2-3-3}$$

则两种电源模型的端电压、电流关系完全相同，即对外电路来说，它们是等效的。式（2-3-3）为两种电源模型的等效条件。

在满足上式条件的情况下，电压源模型和电流源模型是可以相互变换的，如图 2-14 所示。

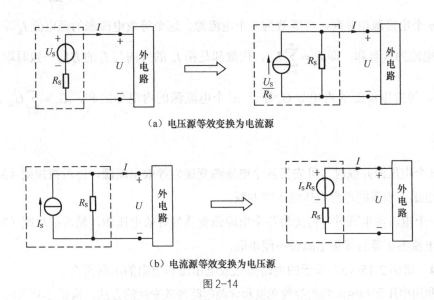

（a）电压源等效变换为电流源

（b）电流源等效变换为电压源

图 2-14

电源模型等效互换时应注意以下 3 点。

（1）两种电源模型的等效互换只对外电路等效，而对电源内部是不等效的。这是因为：当外电路开路时，电压源内部不发出功率也无功率损耗；而电流源内部有电流流过，因此有功率损耗，且损耗最大。

（2）在进行电源模型变换时，必须使电流源电流流出的一端与电压源的正极相对应。

（3）理想电压源和理想电流源不能等效互换。

利用电源模型的等效互换，可使一些复杂电路的计算简化，是一种很实用的电路分析方法。

2.3.2　含源电路的等效化简

前面已经讨论过：由多个电阻元件经串联、并联、混联构成的二端网络，可以用一个等效电阻替换。同样，含有多个电源元件经串联、并联、混联构成的二端网络，也可以通过等效化简的方法用一个等效电源替换。

电源等效化简的规则如下。

（1）当一个理想电压源与多个电阻或电流源相并联时，对于外电路而言，只等效于这个理想电压源；当一个理想电流源与多个电阻或电压源相串联时，对于外电路而言，只等效于这个理想电流源。

（2）n个电压源相串联，可等效为一个电压源。这个等效电压源的源电压U_S等于这n个电压源源电压的代数和，即$U_S = \sum\limits_{i=1}^{n} U_{Si}$。代数和是指$U_{Si}$的极性与$U_S$的极性一致时取正号，否则取负号。等效电压源的内阻$R_S$等于$n$个电压源的内阻之和，即$R_S = \sum\limits_{i=1}^{n} R_{Si}$。

（3）n个电流源相并联，可等效为一个电流源。这个等效电流源的源电流I_S等于这n个电流源源电流的代数和，即$I_S = \sum\limits_{i=1}^{n} I_{Si}$。代数和是指$I_{Si}$的方向与$I_S$的方向一致时取正号，否则取负号。等效电流源的内电导G_S等于n个电流源的内电导之和，$G_S = \sum\limits_{i=1}^{n} G_{Si}$，即内阻$R_S = \dfrac{1}{G_S}$。

（4）n个电压源并联时，可先将各个电压源变换为等效电流源，然后按规则（3）进一步化简；源电压不相等的理想电压源不能并联。

（5）n个电流源串联时，可先将各个电流源变换为等效电压源，然后按规则（2）进一步化简；源电流不相等的理想电流源不能串联。

例 2.4 将图 2-15（a）所示的电路简化成电压源和电阻的串联组合。

解 利用电压源和电流源的等效变换和含源电路等效变换的方法，按图 2-15（b）、图 2-15（c）、图 2-15（d）所示顺序逐步化简，可得等效电压源和电阻的串联组合。

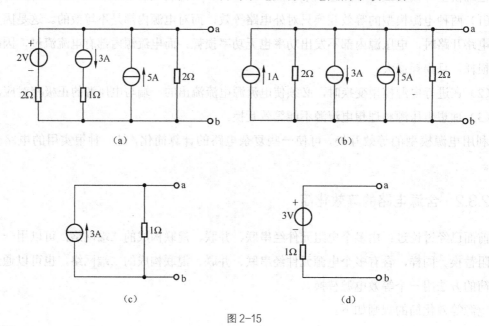

图 2-15

例 2.5 如图 2-16（a）所示电路，求 A 点电位。

解 两个接地点即为等电位点，可将其用短路线连接。再应用电阻串、并联及电源等效

变换将图 2-16（a）依次等效为图 2-16（b）、图 2-16（c）、图 2-16（d），由图 2-16（d）可得

$$I = \frac{5}{5+1+4} \times 5 = 2.5\,(\text{A})$$

$$\varphi_\text{A} = 4I = 4 \times 2.5 = 10\,(\text{V})$$

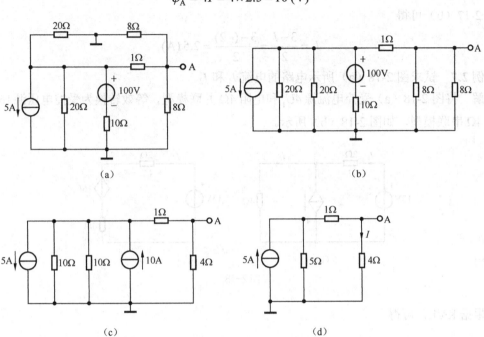

图 2-16

例 2.6 试求图 2-17（a）所示电路的电流 I 和 I_1。

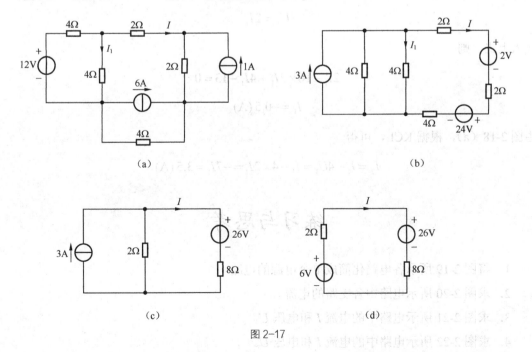

图 2-17

解 应用电源模型的等效变换将图 2-17（a）依次变换为图 2-17（b）、图 2-17（c）、图 2-17（d），由图 2-17（d）可得

$$I = \frac{6-26}{2+8} = -2\,(\text{A})$$

由图 2-17（b）可得

$$I_1 = \frac{3-I}{2} = \frac{3-(-2)}{2} = 2.5\,(\text{A})$$

例 2.7 试求图 2-18（a）所示电路的电流 I_1 和 I_2。

解 将图 2-18（a）受控电流源 $4U_1$ 和电阻 4Ω 并联模型，等效转换为受控电压源 $16U_1$ 和电阻 4Ω 串联模型，如图 2-18（b）所示。

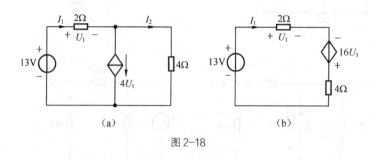

（a）　　　　　　　　　（b）

图 2-18

根据 KVL，可得

$$U_1 - 16U_1 + 4I_1 - 13 = 0$$

其中

$$U_1 = 2I_1$$

代入上式，则

$$2I_1 - 16 \times 2I_1 + 4I_1 - 13 = 0$$

$$I_1 = -0.5\,(\text{A})$$

由图 2-18（a），根据 KCL，可得

$$I_2 = I_1 - 4U_1 = I_1 - 4 \times 2I_1 = -7I_1 = 3.5\,(\text{A})$$

练习与思考

1. 将图 2-19 所示各电路化简成单个电源的电路。

2. 求图 2-20 所示电路中各支路的电流。

3. 求图 2-21 所示电路中的电流 I 和电压 U。

4. 求图 2-22 所示电路中的电流 I 和电压 U。

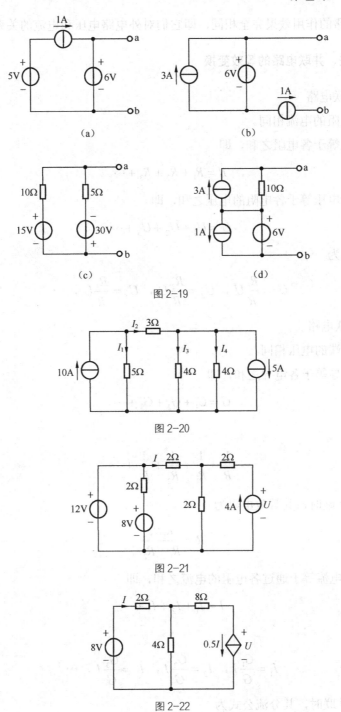

图 2-19

图 2-20

图 2-21

图 2-22

本 章 小 结

本章内容始终贯穿着"等效"这条主线，这是电路分析中非常重要的概念。所谓"等效"

是指它们对外电路的作用效果完全相同，即它们对外电路电压和电流的关系完全相同。

1. 电阻串联、并联电路的等效变换

（1）电阻串联电路

① 通过各电阻的电流相同。

② 等效电阻等于各电阻之和，即

$$R = R_1 + R_2 + R_3 + \cdots$$

③ 电路的总电压等于各电阻的电压之和，即

$$U = U_1 + U_2 + U_3 + \cdots$$

④ 分压公式为

$$U_1 = \frac{R_1}{R}U \ , \quad U_2 = \frac{R_2}{R}U \ , \quad U_3 = \frac{R_3}{R}U \ , \quad \cdots$$

（2）电阻并联电路

① 各电阻两端的电压相同。

② 其等效电导等于各电导之和，即

$$G = G_1 + G_2 + G_3 + \cdots$$

或

$$\frac{1}{R} = \frac{1}{R_1} + \frac{1}{R_2} + \frac{1}{R_3} + \cdots$$

若只有两个电阻并联时，其等效电阻为

$$R = \frac{R_1 R_2}{R_1 + R_2}$$

③ 电路的总电流等于通过各电阻的电流之和，即

$$I = I_1 + I_2 + I_3 + \cdots$$

④ 分流公式

$$I_1 = \frac{G_1}{G}I \ , \quad I_2 = \frac{G_2}{G}I \ , \quad I_3 = \frac{G_3}{G}I \ , \quad \cdots$$

若只有两个电阻并联时，其分流公式为

$$I_1 = \frac{R_2}{R_1 + R_2}I \ , \quad I_2 = \frac{R_1}{R_1 + R_2}I$$

2. 电阻 Y 形连接和△形连接的等效变换

利用 Y←→△等效变换公式，使 Y 形（或△形）连接的复杂电阻电路变换成能用电阻串、

并联等效变换的简单电路。

3. 含源电路的等效变换

具有内阻的电压源模型和电流源模型对外电路是可以等效变换的，其等效条件为

$$U_S = R_S I_S \text{ 或 } I_S = \frac{U_S}{R_S} \qquad （内阻 R_S 不变）$$

理想电压源和理想电流源之间不能进行等效变换。

习 题 2

1. 电路如图 2-23 所示，已知 $U=10V$，$U_{bc}=4V$，$R_2=100\Omega$，试求 R_1。

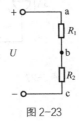

图 2-23

2. 求图 2-24 所示电路中的电流 I、I_1 和 I_2。

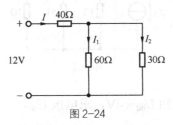

图 2-24

3. 求图 2-25 所示电路的等效电阻 R_{ab}。

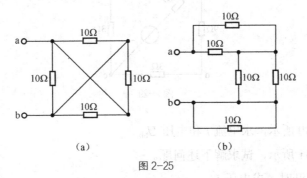

（a）　　　　　　　（b）

图 2-25

4. 将图 2-26 所示电路化为最简的电流源模型。

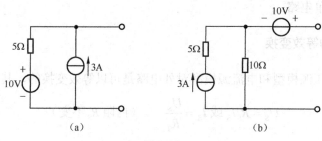

（a）　　　　　　　　　　（b）

图 2-26

5. 写出图 2-27 所示各含源支路中 U 和 I 的关系式。

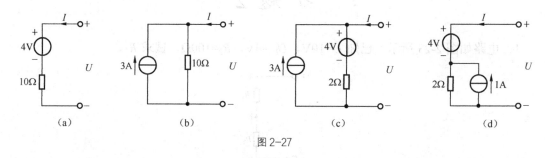

（a）　　　　　　（b）　　　　　　（c）　　　　　　（d）

图 2-27

6. 求图 2-28 所示电路中的电流 I。

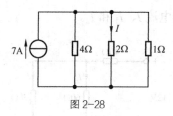

图 2-28

7. 电路如图 2-29 所示，已知 $U_{bd}=4V$，求电压 U_{ab}。

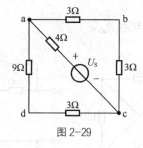

图 2-29

8. 电路如图 2-30 所示，求电流 I 和电压 U_{ab}。

9. 电路如图 2-31 所示，试求解下述问题。

（1）当开关 S 打开时，求电压 U_{ab}。

（2）当开关 S 闭合时，求流过开关 S 的电流 I_{ab}。

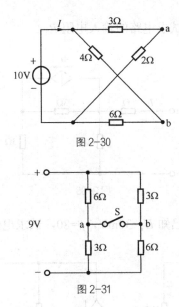

图 2-30

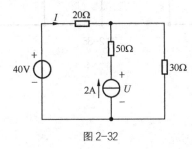

图 2-31

10．求图 2-32 所示电路的电流 I 和电压 U。

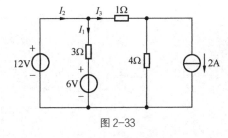

图 2-32

11．求图 2-33 所示电路中各支路电流 I_1、I_2、I_3。

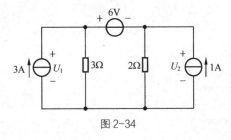

图 2-33

12．求图 2-34 所示电路的电压 U_1 和 U_2。

图 2-34

13. 电路如图 2-35 所示，试求电路的输入电阻 R_{ab}。

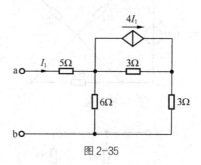

图 2-35

14. 电路如图 2-36 所示，已知 $U_1 = 30\text{mV}$，$\beta = 80$，试求电流 I_2 和电压 U_2。

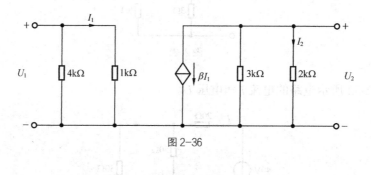

图 2-36

第**3**章　线性电路的基本定理

电路分析的任务，是在给出电路结构、元件参数及独立电源数值的条件下，求出电路中所要求的支路电流、电压或其他电路变量。

本章主要讨论线性电路的几个重要定理，它们是分析电路的有力工具。其中叠加定理体现了线性电路的基本性质——叠加性，并可由它导出戴维南定理。

在后续章节将会普遍用到这些定理，为便于理解和讨论，我们从直流电阻电路入手进行研究，由此得出的一些概念和定理，具有普遍性，应重点掌握。

3.1　叠加定理

叠加定理体现了线性电路的基本性质，是分析线性电路的理论基础，也是线性电路的一个重要定理。

叠加定理的内容是：线性电路中，任一支路的响应（电压或电流）都等于电路中各独立电源单独作用时在该支路所产生响应的代数和。

用叠加定理分析电路的步骤实际上就是每一个独立电源单独作用于电路中，求出支路电流或电压的步骤的重复。应用叠加定理时应注意以下几点。

（1）叠加时应保持电路结构及元件参数不变。当一个独立源单独作用时，其他独立源都应取零值，即独立电压源短路，独立电流源开路，但均应保留其内阻。

（2）叠加时要注意各电流或电压分量的参考方向，凡与总电流或总电压参考方向一致的电流或电压分量为正，相反为负。

（3）用叠加定理分析含受控源的电路时，不能把受控源和独立源同样对待。因为受控源不是激励，只能当成一般元件将其保留。

（4）叠加定理只能适用于线性电路，对非线性电路不适用。在线性电路中，叠加定理也只能用于计算电压或电流，不能用来计算功率，因为功率与电流、电压的关系不是线性关系，而是平方关系。

线性电路除叠加性外，还有一个重要性质就是齐次性（或称齐次定理），其内容是：当线性电路中只有一个激励，响应与激励成正比。

例 3.1 用叠加定理求图 3-1（a）所示电路中各支路电流 I_1、I_2 和 I_3。

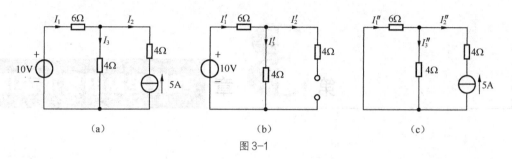

图 3-1

解 由图 3-1（a）可得

$$I_2 = -5 \, (\text{A})$$

（1）电压源单独作用时，可将电流源开路，如图 3-1（b）所示。

$$I_1' = I_3' = \frac{10}{6+4} = 1 \, (\text{A})$$

（2）电流源单独作用时，可将电压源短路，如图 3-1（c）所示。

$$I_1'' = -5 \times \frac{4}{6+4} = -2 \, (\text{A})$$

$$I_3'' = 5 \times \frac{6}{6+4} = 3 \, (\text{A})$$

所以

$$I_1 = I_1' + I_1'' = 1 + (-2) = -1 \, (\text{A})$$

$$I_3 = I_3' + I_3'' = 1 + 3 = 4 \, (\text{A})$$

例 3.2 用叠加定理求图 3-2（a）所示电路中的电流 I 和电压 U。

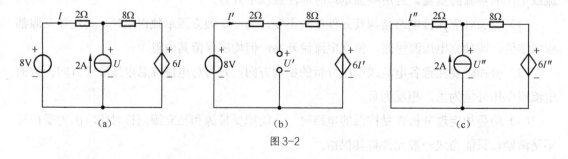

图 3-2

解 （1）电压源单独作用时，可将电流源开路，如图 3-2（b）所示。
根据 KVL，可得

$$(2+8)I' + 6I' = 8$$

$$I' = \frac{8}{(2+8+6)} = 0.5\,(\mathrm{A})$$

$$U' = 8I' + 6I' = 7\,(\mathrm{V})$$

（2）电流源单独作用时，可将电压源短路，如图 3-2（c）所示。

根据 KVL 和 KCL，可得

$$2I'' + 8(I''+2) + 6I'' = 0$$

$$I'' = -\frac{16}{2+8+6} = -1\,(\mathrm{A})$$

$$U'' = -2I'' = 2\,(\mathrm{V})$$

所以

$$I = I' + I'' = 0.5 + (-1) = -0.5\,(\mathrm{A})$$

$$U = U' + U'' = 7 + 2 = 9\,(\mathrm{V})$$

例 3.3 求图 3-3 所示电路中各支路电流。

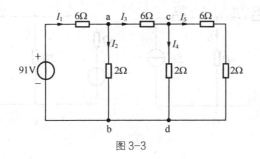

图 3-3

解 该电路为梯形电路，可根据齐次定理求解，先假设响应求出激励。设 $I'_5 = 1\mathrm{A}$ ，则

$$U'_{cd} = (6+2) \times I'_5 = 8\,(\mathrm{V})$$

$$I'_4 = \frac{U'_{cd}}{2} = 4\,(\mathrm{A})$$

$$I'_3 = I'_4 + I'_5 = 5\,(\mathrm{A})$$

$$U'_{ab} = 6I'_3 + U'_{cd} = 6 \times 5 + 8 = 38\,(\mathrm{V})$$

$$I'_2 = \frac{U'_{ab}}{2} = 19\,(\mathrm{A})$$

$$I'_1 = I'_2 + I'_3 = 19 + 5 = 24\,(\mathrm{A})$$

$$U'_S = 6I'_1 + U'_{ab} = 6 \times 24 + 38 = 182\,(\mathrm{V})$$

因为

$$K = \frac{U_S}{U'_S} = \frac{91}{182} = \frac{1}{2}$$

所以

$$I_1 = KI_1' = \frac{1}{2} \times 24 = 12 \, (\text{A})$$

$$I_2 = KI_2' = \frac{1}{2} \times 19 = 9.5 \, (\text{A})$$

$$I_3 = KI_3' = \frac{1}{2} \times 5 = 2.5 \, (\text{A})$$

$$I_4 = KI_4' = \frac{1}{2} \times 4 = 2 \, (\text{A})$$

$$I_5 = KI_5' = \frac{1}{2} \times 1 = 0.5 \, (\text{A})$$

练习与思考

1. 用叠加定理求图 3-4 所示电路中的电流 I_1、I_2 和 I_3。

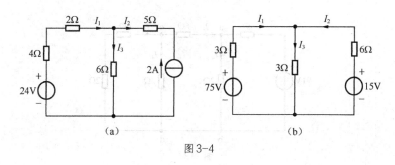

图 3-4

2. 如图 3-5 所示电路，N_0 为无源网络，在激励 U_{S1} 和 U_{S2} 作用下的响应为 I，试填写下表。

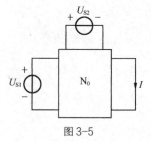

图 3-5

U_{S1}/V	U_{S2}/V	I/A
4	0	2
0	5	1
6	0	
10	10	

3.2 戴维南定理

电路分析时经常遇到只研究某一支路电压或电流的情况，此时虽然可以使用 3.1 节的方法求解，但通常都不如用戴维南定理方便。

戴维南定理指出：一个线性含源二端网络 N，对外电路而言，总可以用一个电压源模型等效代替，如图 3-6 所示。该电压源的电压 U_S 等于有源二端网络的开路电压 U_{OC}，其内阻 R_S 等于网络 N 中所有独立源均为零时所得无源网络 N_0 的等效内阻 R_{ab}，U_S 和 R_S 相串联的模型称为戴维南等效电路。

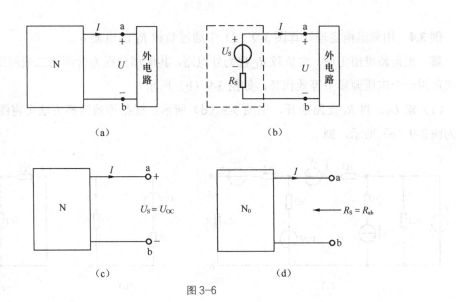

图 3-6

应当指出的是：画戴维南等效电路时，电压源的极性必须与开路电压的极性保持一致。另外，当等效电阻 R_{ab} 不能用电阻串、并联计算时，可用下列两种方法求解。

（1）外加电压法：使网络 N 中所有独立源均为零值（受控源不能做同样处理），得到一个无源二端网络 N_0，然后在 N_0 两端点上施加电压 U，如图 3-7 所示，然后计算端点上的电流 I，则

$$R_S = R_{ab} = \frac{U}{I}$$

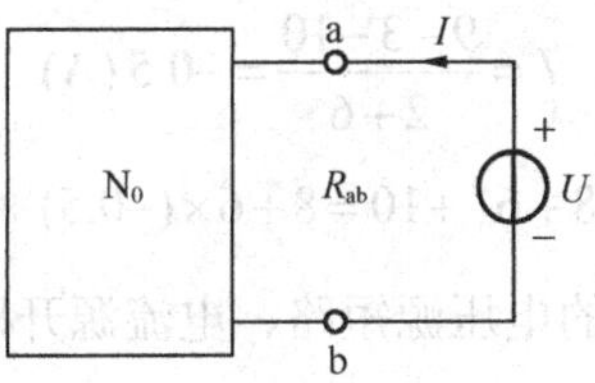

图 3-7

（2）短路电流法：分别求出有源网络 N 的开路电压 U_{OC} 和短路电流 I_{SC}，如图 3-8 所示，则

$$R_S = \frac{U_{OC}}{I_{SC}}$$

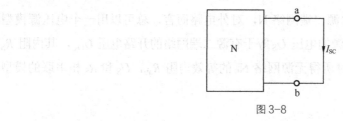

图 3-8

例 3.4 用戴维南定理计算图 3-9（a）中通过负载 R_L 的电流 I_L。

解 根据戴维南定理，将负载 R_L 视为外电路，其他部分视为含源的二端网络，含源二端网络可用一个电压源模型等效代替，如图 3-9（b）所示。

（1）求 U_S。将 R_L 支路断开，如图 3-9（d）所示，根据等效转换方法可将图 3-9（d）等效为图 3-9（e）所示，则

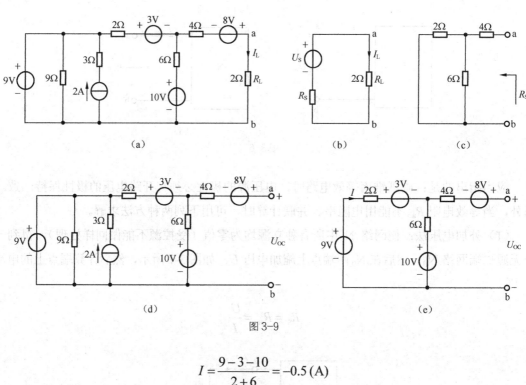

（a）　　　　　　　（b）　　　　　（c）

（d）　　　　　　　　　　　（e）

图 3-9

$$I = \frac{9-3-10}{2+6} = -0.5\,(\text{A})$$

$$U_S = U_{OC} = 8 + 6I + 10 = 8 + 6 \times (-0.5) + 10 = 15\,(\text{V})$$

（2）求 R_S。将图 3-9（d）中的电压源短路、电流源开路，如图 3-9（c）所示，则

$$R_S = R_{ab} = 2 /\!/ 6 + 4 = 5.5\,(\Omega)$$

（3）由图 3-9（b）所示，可得

$$I_L = \frac{U_S}{R_S + R_L} = \frac{15}{5.5 + 2} = 2\,(\text{A})$$

例 3.5 用戴维南定理计算图 3-10（a）所示的电压 U。

解 根据戴维南定理，将 ab 支路视为外电路，其他部分视为含源二端网络，含源二端网络可用一个电压源模型等效代替，如图 3-10（b）所示。

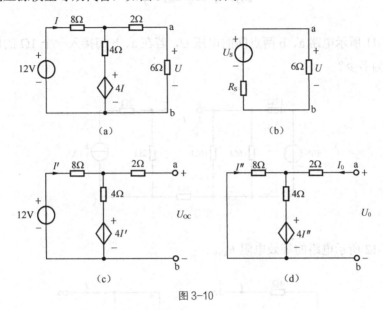

图 3-10

（1）求 U_S。将 ab 支路断开，如图 3-10（c）所示。

根据 KVL，可得

$$(8+4)I' + 4I' = 12$$

得

$$I' = 0.75 \, (\text{A})$$

$$U_S = U_{OC} = 4I' + 4I' = 6 \, (\text{V})$$

（2）求 R_S。采用外加电压法：将图 3-10（c）中的电压源短路，外加电压 U_0，设输入电流为 I_0，如图 3-10（d）所示。根据 KVL，可得

$$8I'' + 4(I'' + I_0) + 4I'' = 0$$

得

$$I'' = -0.25I_0$$

又因为

$$U_0 = 2I_0 - 8I'' = 2I_0 - 8 \times (-0.25I_0) = 4I_0$$

所以

$$R_S = \frac{U_0}{I_0} = 4 \, (\Omega)$$

（3）由图 3-10（b）可得

$$U = \frac{U_S}{R_S + 6} \times 6 = \frac{6}{4+6} \times 6 = 3.6 \, (\text{V})$$

练习与思考

1. 求图 3-11 所示电路 a、b 两点间的电压 U，若在 a、b 间接入一个 1Ω 的电阻，问通过该电阻的电流为多少？

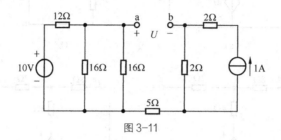

图 3-11

2. 求图 3-12 所示电路的等效电阻 R_{ab}。

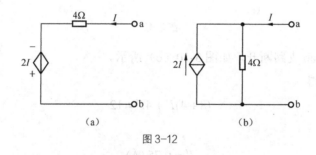

（a）　　　　　　　（b）

图 3-12

3.3　最大功率传输定理

一个实际电源产生的功率通常分为两部分，一部分消耗在内阻上，另一部分输出给负载。在通信技术中总是希望负载上得到的功率越大越好，那么，怎样才能使负载从电源获得最大的功率呢？这就是最大功率传输定理要回答的问题。

如图 3-13（a）所示电路，U_S 和 R_S 分别为电源的电压和内阻，对于一个给定的电源，它们都是常量。R_L 为负载电阻，负载的功率为

$$P_L = I^2 R_L = \left(\frac{U_S}{R_S + R_L} \right)^2 R_L \qquad (3\text{-}3\text{-}1)$$

负载 R_L 得到最大功率的条件为

$$\frac{dP_L}{dR_L} = 0$$

即

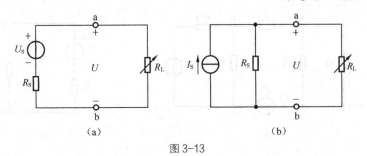

图 3-13

$$\frac{\mathrm{d}P_\mathrm{L}}{\mathrm{d}R_\mathrm{L}} = \frac{\mathrm{d}}{\mathrm{d}R_\mathrm{L}}\left[\left(\frac{U_\mathrm{S}}{R_\mathrm{S}+R_\mathrm{L}}\right)^2 R_\mathrm{L}\right] = \frac{U_\mathrm{S}^2}{\left(R_\mathrm{S}+R_\mathrm{L}\right)^4}\left[\left(R_\mathrm{S}+R_\mathrm{L}\right)^2 - 2\left(R_\mathrm{S}+R_\mathrm{L}\right)R_\mathrm{L}\right] = 0$$

故

$$\left(R_\mathrm{S}+R_\mathrm{L}\right)^2 - 2\left(R_\mathrm{S}+R_\mathrm{L}\right)R_\mathrm{L} = 0$$

解得

$$R_\mathrm{L} = R_\mathrm{S}$$

即负载电阻等于电源内阻时，负载才能获得最大功率，此结论称为最大功率传输定理（又称为最大功率输出条件）。满足这一条件的工作状态称为匹配。此时负载获得的最大功率为

$$P_{\mathrm{Lmax}} = \frac{U_\mathrm{S}^2}{4R_\mathrm{S}} \tag{3-3-2}$$

当负载获得最大功率时，电源所产生的功率只有一半供给负载，而另一半则消耗在内阻上，效率为 50%。这种情况在电力系统中是不允许的；但在通信技术中，为使负载获得最大功率，常要求电路处于匹配工作状态。

若用如图 3-13（b）所示的电路，同样可推出以下结论。

当 $R_\mathrm{L} = R_\mathrm{S}$ 时，负载 R_L 得到的功率最大，其最大功率为

$$P_{\mathrm{Lmax}} = \frac{1}{4}R_\mathrm{S}I_\mathrm{S}^2 \tag{3-3-3}$$

式（3-3-3）实际上是式（3-3-2）的另一种形式。

例 3.6　电路如图 3-14（a）所示，求负载电阻 R 为多少时才能从电路中获得最大功率，且最大功率为多少？

解　根据戴维南定理，将 R 以外的含源二端网络等效为电压源模型，如图 3-14（b）所示。

（1）求 U_S。将 R 支路断开，如图 3-14（c）所示，则

$$U_\mathrm{S} = U_{\mathrm{OC}} = \frac{6\times 3}{3+6}\times 6 + 2 - \frac{18}{3+6}\times 3 = 12 + 2 - 6 = 8\,(\mathrm{V})$$

（2）求 R_S。将图 3-14（c）中的电压源短路、电流源开路，如图 3-14（d）所示，则

$$R_\mathrm{S} = R_{\mathrm{ab}} = 3/\!/6 + 3/\!/6 = 4\,(\Omega)$$

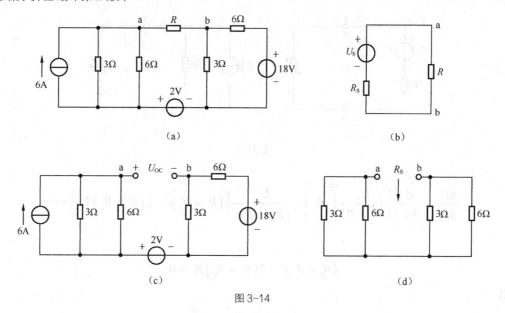

图 3-14

（3）如图 3-14（b）所示，可知当 $R = R_S = 4\Omega$ 时，负载 R 从电路中获得最大功率，且最大功率为

$$P_{\max} = \frac{U_S^2}{4R_S} = \frac{8^2}{4 \times 4} = 4\,(\text{W})$$

练习与思考

1. 求图 3-15 所示电路在匹配状态下，R 和 $P_{\max}$ 分别为多少？

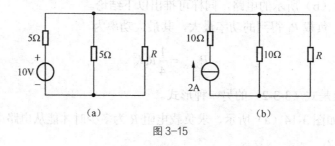

图 3-15

2. 电路如图 3-16 所示，负载 R_L 可以任意改变，试求解下述问题。

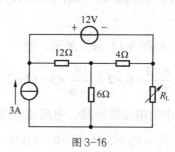

图 3-16

（1）R_L 取值为多少时可获得最大功率？

（2）负载上的最大功率 P_{max} 是多少？

本　章　小　结

1．叠加定理

在线性电路中，任一支路中的响应是电路中各个独立电源单独作用时在该支路所产生的响应的代数和。利用叠加定理分析电路时，应特别注意以下两点。

（1）当一个独立电源作用时，其他独立电源视为零，但受控源要保留。

（2）总响应是各分响应的代数和。代数和的含义是分响应与总响应方向一致者取"+"，否则取"-"。

2．戴维南定理

任何一个线性含源二端网络，对外电路而言，都可以用一个电压源等效代替，该电压源的源电压等于含源二端网络的开路电压，串联的内阻等于相应的无源二端网络的等效电阻。利用戴维南定理分析电路的步骤如下。

（1）求含源二端网络的开路电压。

（2）求无源二端网络的等效电阻。

（3）画出戴维南等效电路，求解变量。

3．最大功率传输定理

最大功率传输定理阐明了在通信技术中，可调负载为获得最大功率应满足的条件，即 $R_L = R_S$，其最大功率为

$$P_{max} = \frac{U_S^2}{4R_S} \text{ 或 } P_{max} = \frac{1}{4}R_S I_S^2$$

习　题　3

1．试用叠加定理求图 3-17 所示电路中流过 2Ω 电阻的电流 I。

2．用叠加定理求图 3-18 所示电路中的电流 I_1 和 I_2。

3．电路如图 3-19 所示，用叠加定理求电流 I_1 和 I_2。

4．试用叠加定理求图 3-20 所示电路中的电流 I。

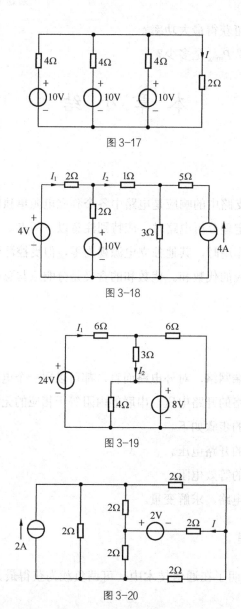

图 3-17

图 3-18

图 3-19

图 3-20

5. 电路如图 3-21 所示，N 为含有独立电源的电阻电路。已知当 $U_S=0$ 时，$I=2$mA；当 $U_S=5$V 时，$I=5$mA。求当 $U_S=10$V 时的 I 值。

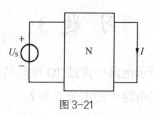

图 3-21

6. 电路如图 3-22 所示，用叠加定理求电流 I 和电压 U。

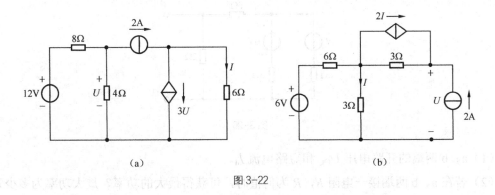

图 3-22

7. 电路如图 3-23 所示，已知当开关 S 在位置 1 时，$I=2\text{mA}$；当开关 S 在位置 2 时，$I=4\text{mA}$，求该有源二端网络 N 的戴维南等效电路。

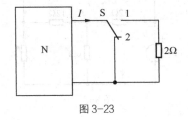

图 3-23

8. 电路如图 3-24 所示，已知 $U_S=12\text{V}$，$R_S=10\Omega$，求解下述问题。

（1）当负载电阻 $R_L=20\Omega$ 时，其功率应选择多大才合适？

（2）电阻 R_L 为何值时，它能获得最大的功率？最大功率是多少？

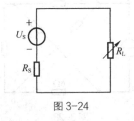

图 3-24

9. 求图 3-25 所示电路中负载电阻获得的最大功率。

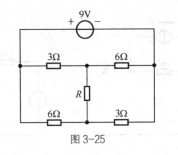

图 3-25

10. 电路如图 3-26 所示，试求解下述问题。

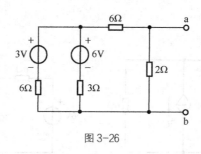

图 3-26

（1）a、b 两端的开路电压 U_{OC} 和短路电流 I_d。

（2）若在 a、b 两端接一电阻 R，R 为何值时，可获得最大的功率？最大功率为多少？

11．电路如图 3-27 所示，负载 R_L 可以任意改变，试求解下述问题。

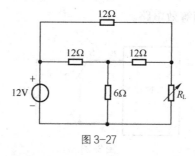

图 3-27

（1）R_L 为多少时，可获最大功率？

（2）负载上的最大功率 P_{max} 为多少？

12．电路如图 3-28 所示，求电阻 R 为何值时，可获得最大功率？最大功率为多少？

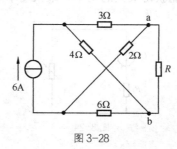

图 3-28

13．试求图 3-29 所示电路的戴维南等效电路。

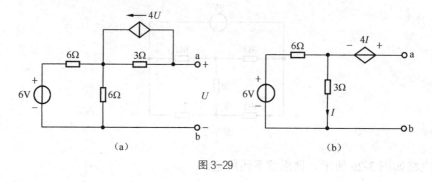

（a）　　　　　　　　　　　（b）

图 3-29

14. 电路如图 3-30 所示，当 R_L 为何值时才能获得最大功率？最大功率为多少？

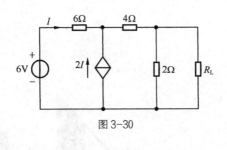

图 3-30

第4章 正弦交流电路

前几章讨论的直流电路中直流电压和电流的大小和方向是不随时间变化的。但在通信技术的许多电路中，电压和电流是随时间变化的，其中应用最广泛的一种是随时间按正弦规律变化的电压和电流，即正弦电压和正弦电流，统称正弦交流信号。激励和响应是同频率正弦信号的电路称为正弦交流电路，简称正弦电路。

本章主要介绍正弦交流信号的基本概念，讨论正弦电路的一般分析方法。相量法是分析正弦电路的一种重要的方法，是本章的重点内容。

4.1 正弦信号的瞬时表示

4.1.1 正弦信号的三要素

描述确定性信号的方法有两种：一种是函数表达式，另一种是波形图。正弦信号是确定性信号，其函数表达式可以用正弦函数或余弦函数表示，本书采用正弦函数形式。

以正弦交流电流为例，对于给定的参考方向，正弦交流信号的函数式为

$$i(t) = I_{\mathrm{m}} \sin(\omega t + \theta) \tag{4-1-1}$$

相应的波形如图 4-1 所示。其中 I_{m}、ω、θ 分别称为正弦信号的振幅值、角频率和初相，也称为正弦信号的三要素。

1. 瞬时值、振幅值和有效值

（1）瞬时值 $i(t)$：正弦信号的瞬时值是指信号在任意瞬间的数值。瞬时值一般用小写字母表示，如 $i(t)$ 或 i。

（2）振幅值 I_{m}：振幅值又称最大值或极大值，是正弦信号在整个变化过程中所能达到的最大值，通常用大写字母加小写下标 m 表示，如 I_{m}。

（3）有效值 I：当正弦电流 $i(t)$ 与直流电流 I 通过同一电阻，在相同时间内产生的热能相等时，则称直流电流 I 为正弦电流 $i(t)$ 的有效值。有效值用大写字母表示，如 I。

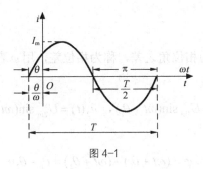

图 4-1

有效值和振幅值的关系为

$$I = \frac{I_m}{\sqrt{2}} = 0.707 I_m \quad \text{或} \quad U = \frac{U_m}{\sqrt{2}} = 0.707 U_m \tag{4-1-2}$$

平时我们谈论正弦信号的大小，例如交流电压 220V，电线额定电流 3A 等，都是指有效值；交流电压表、电流表的读数也指有效值。

2．相位角和初相位

（1）相位角：正弦函数式中的 $\omega t + \theta$ 称为相位角，简称相位或相角，它是一个反映正弦信号变化过程的物理量，其单位用弧度 (rad) 或度表示。当振幅值确定后，正弦信号的瞬时值就由相位角来决定。

（2）初相位 θ：表示在时间起点 $t = 0$ 时的相位角，简称初相。θ 的取值在 $(-\pi \sim +\pi)$ 之间。

3．角频率、频率和周期

（1）角频率：表示相位变化的速率，用符号 ω 表示，其单位为 rad/s。

（2）周期：正弦信号变化一周所需的时间称为周期，通常用 T 表示，其单位为秒 (s)。常用单位有毫秒 (ms)、微秒 (μs) 和纳秒 (ns)，其关系为

$$1s = 10^3 \, \text{ms} = 10^6 \, \mu\text{s} = 10^9 \, \text{ns}$$

（3）频率：正弦信号每秒变化的周数称为频率，用 f 表示，其单位为赫兹（Hz）。周期和频率互为倒数，即

$$f = \frac{1}{T}$$

角频率、频率和周期都可用来表示正弦信号变化的快慢程度，三者之间的关系为

$$\omega = \frac{2\pi}{T} = 2\pi f$$

一个正弦信号，只要振幅值（或有效值）、初相和角频率（或频率、周期）确定以后，该

信号就被完全确定下来。因此，通常将振幅、初相和角频率称为正弦信号的三个特征量（或称三要素）。

4.1.2 相位差

两个同频率的正弦信号的相位角之差，称为相位差，用 φ 表示，在数值上等于两者的初相之差。设两个正弦交流电压

$$u_1(t) = U_{1\text{m}} \sin(\omega t + \theta_1), \quad u_2(t) = U_{2\text{m}} \sin(\omega t + \theta_2)$$

则 $u_1(t)$ 和 $u_2(t)$ 的相位差 φ 为

$$\varphi = (\omega t + \theta_1) - (\omega t + \theta_2) = \theta_1 - \theta_2 \tag{4-1-3}$$

若 $\varphi > 0$，说明 $u_1(t)$ 在相位上超前于 $u_2(t)$，或 $u_2(t)$ 滞后于 $u_1(t)$。

若 $\varphi < 0$，说明 $u_1(t)$ 滞后于 $u_2(t)$，或 $u_2(t)$ 超前于 $u_1(t)$。

若 $\varphi = 0$，说明 $u_1(t)$ 与 $u_2(t)$ 相位相同，简称同相。

若 $\varphi = \pm\dfrac{\pi}{2}$，称 $u_1(t)$ 与 $u_2(t)$ 正交。

若 $\varphi = \pm\pi$，说明 $u_1(t)$ 与 $u_2(t)$ 的相位相反，简称反相。

规定相位差 $|\varphi| \leqslant \pi$，否则，将使超前或滞后发生颠倒。

应当注意，当两个同频率正弦信号的计时起点改变时，它们的初相将随之而改变，但它们之间的相位差是不会改变的，即相位差与计时起点的选择无关。

由于相位差与计时起点无关，所以在分析电路时，可以任意指定其中一个正弦信号的初相为零（称为参考正弦信号），而其余正弦信号的初相则由它们与参考正弦信号之间的相位差来确定。

4.1.3 正弦信号的参考方向

从图 4-1 中可以看出，正弦信号的瞬时值不仅大小随时间变化，而且其符号也随时间发生变化（正值和负值交替变化），即正弦信号的真实方向是随时间不断交替改变的，如果正值代表实际方向，则负值代表相反的实际方向。但究竟哪个方向算作"正"方向，就需要人为地加以指定，这个指定的"正"方向，就是参考方向。当参考方向与实际方向相同时，瞬时值为正值；相反时，则为负值。没有参考方向，笼统地说瞬时值的正、负是没有意义的。因此，在正弦电路的分析中，在给出正弦信号函数式的同时，还应指定它的参考方向。

对于同一个正弦信号而言，如果选取的参考方向不同，则它们的值相差一个负号，如 $u_{\text{ab}}(t) = -u_{\text{ba}}(t)$，相差的这个负号则体现在它的初相将改变 π 弧度（或 180°）。

例 4.1 已知电压 $u_{\text{ab}}(t) = U_\text{m} \sin\omega t$，求 $u_{\text{ba}}(t)$ 的函数式。

解

$$u_{\text{ba}}(t) = -u_{\text{ab}}(t) = -U_\text{m} \sin\omega t = U_\text{m} \sin(\omega t \pm \pi)$$

例 4.2 已知电流 $i_1(t) = -10\sin(\omega t - 30°)\text{A}$，$i_2(t) = 2\cos(\omega t - 30°)\text{A}$，求 i_1 和 i_2 的相位差 φ_{12}。

解 将 i_1 和 i_2 写成标准的函数式，则

$$i_1(t) = -10\sin(\omega t - 30°) = 10\sin(\omega t - 30° + 180°) = 10\sin(\omega t + 150°)(A)$$

$$i_2(t) = 2\cos(\omega t - 30°) = 2\sin(\omega t - 30° + 90°) = 2\sin(\omega t + 60°)(A)$$

因此

$$\varphi_{12} = \theta_1 - \theta_2 = 150° - 60° = 90°$$

例 4.3 已知电压 $u_1(t) = 100\sin 314t\,V$，$u_2(t) = 100\sin(314t - 120°)V$，$u_3(t) = 100\sin(314t + 120°)V$，若以 u_2 为参考电压，写出这 3 个电压的函数式。

解 先求出这 3 个电压的相位差，则

$$\varphi_{12} = 0° - (-120°) = 120°$$

$$\varphi_{23} = -120° - 120° = -240° + 360° = 120°$$

$$\varphi_{31} = 120° - 0° = 120°$$

若以 u_2 为参考电压，则它们的函数式分别为

$$u_2(t) = 100\sin 314t(V)$$

$$u_1(t) = 100\sin(314t + 120°)(V)$$

$$u_3(t) = 100\sin(314t - 120°)(V)$$

练习与思考

1. 已知 $u(t) = 10\cos(314t - 30°)V$，求 $u(t)$ 的振幅值、有效值、角频率、频率、周期、相位和初相各是多少？

2. 已知 $i(t) = I_m\sin(314t - 30°)A$，当 $t = 0$ 时，$i(0) = -2A$，求电流的有效值 I。

4.2 正弦信号的相量表示

4.2.1 正弦信号的相量表示

一个复数可以表示为

$$R = r\angle\theta \tag{4-2-1}$$

式中，r 称为"模"，也称为复数的绝对值；θ 称为"辐角"，其取值不超过 ±180°。

而一个正弦信号的函数式 $i(t) = I_m\sin(\omega t + \theta_i)$ 中，最大值（或有效值）和初相正好与复数的"模"和"辐角"这两个量相对应，由此人们就想到用复数来表征正弦信号。在正弦交流电路的计算中，由于所有激励和响应都是相同频率的正弦信号，因此就可以不必考虑角频率这个要素，而只需表示出正弦信号的最大值（或有效值）和初相这两个要素。这样，正弦信号就可以写成复数形式

$$\dot{I} = I\angle\theta_i \quad \text{或} \quad \dot{I}_\mathrm{m} = I_\mathrm{m}\angle\theta_i \tag{4-2-2}$$

像这样一个能表征正弦信号最大值（或有效值）和初相的复数称为正弦信号的相量。$\dot{I}$ 称为电流有效值相量，$\dot{I}_\mathrm{m}$ 称为电流振幅值相量，$\dot{I}$ 与 $\dot{I}_\mathrm{m}$ 之间的关系为

$$\dot{I}_\mathrm{m} = \sqrt{2}\dot{I} \tag{4-2-3}$$

如果知道了一个正弦信号的函数式，就可以写出它的相量；同样，知道了一个正弦信号的相量，也可以写出其相应的函数式。

同理，正弦电压的相量为

$$\dot{U} = U\angle\theta_u \quad \text{或} \quad \dot{U}_\mathrm{m} = U_\mathrm{m}\angle\theta_u$$

由数学知识可知，相量可以用复数表示。若将相量画在复平面上，这个图形则称为相量图，如图 4-2 所示。图 4-2 中有效值相量 $\dot{I}$ 可以用不同的复数形式表示。按相量 $\dot{I}$ 在实轴和虚轴上的投影，可以写成

$$\dot{I} = I\cos\theta + \mathrm{j}I\sin\theta \qquad \text{（复数的三角形式）} \tag{4-2-4}$$

$$\dot{I} = a + \mathrm{j}b \qquad \text{（复数的代数形式）} \tag{4-2-5}$$

式中

$$a = I\cos\theta \ , \quad b = I\sin\theta$$

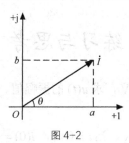

图 4-2

根据数学中的欧拉公式

$$\mathrm{e}^{\mathrm{j}\theta} = \cos\theta + \mathrm{j}\sin\theta \ , \quad \mathrm{e}^{-\mathrm{j}\theta} = \cos\theta - \mathrm{j}\sin\theta$$

可将三角形式改写成复数的指数形式

$$\dot{I} = I\cos\theta + \mathrm{j}I\sin\theta = I\mathrm{e}^{\mathrm{j}\theta} \tag{4-2-6}$$

指数形式又可以写成极坐标形式

$$\dot{I} = I\mathrm{e}^{\mathrm{j}\theta} = I\angle\theta \tag{4-2-7}$$

极坐标形式与代数形式之间的转换关系为

$$I = \sqrt{a^2 + b^2} \ , \quad \theta = \arctan\frac{b}{a}$$

应该指出：相量只能用来表征正弦信号而不等于正弦信号，因此，二者之间只能用符号"$\longleftrightarrow$"表示相互对应关系。

例 4.4 已知正弦电流 $i_1(t) = 10\sqrt{2}\sin\left(\omega t + \dfrac{\pi}{6}\right)\mathrm{A}$，$i_2(t) = 141\cos\left(\omega t + \dfrac{\pi}{3}\right)\mathrm{A}$，写出 i_1 和 i_2

的相量。

解

$$i_1(t) = 10\sqrt{2}\sin\left(\omega t + \frac{\pi}{6}\right)(A) \longleftrightarrow \dot{I}_1 = 10\angle\frac{\pi}{6}(A)$$

$$i_2(t) = 141\cos\left(\omega t + \frac{\pi}{3}\right)(A) = 141\sin\left(\omega t + \frac{5\pi}{6}\right)(A) \longleftrightarrow \dot{I}_2 = 100\angle\frac{5\pi}{6}(A)$$

例 4.5 已知两个频率为 50Hz 的正弦电压，它们的相量分别为 $\dot{U}_1 = 10\angle -30°V$，$\dot{U}_2 = 5 + j5V$，试求出这两个正弦电压的函数式。

解

$$\omega = 2\pi f = 2\times3.14\times50 = 314(\text{rad/s})$$

$$\dot{U}_1 = 10\angle -30°(V) \longleftrightarrow u_1(t) = 10\sqrt{2}\sin(314t - 30°)(V)$$

$$\dot{U}_2 = 5 + j5V = 5\sqrt{2}\angle45°(V) \longleftrightarrow u_2(t) = 10\sin(314t + 45°)(V)$$

4.2.2 正弦信号的运算

正弦信号的函数式是三角函数，若求两个正弦信号的和或差等运算，直接用三角函数进行，其运算将是十分烦琐的；若将正弦信号用相应的相量表示，用复数进行运算，将运算结果的相量值再还原为正弦信号的函数式，将会使运算过程大大简化。

例如

$$i_1 = \sqrt{2}I_1\sin(\omega t + \theta_1) \longleftrightarrow \dot{I}_1 = I_1\angle\theta_1 = a_1 + jb_1$$

$$i_2 = \sqrt{2}I_2\sin(\omega t + \theta_2) \longleftrightarrow \dot{I}_2 = I_2\angle\theta_2 = a_2 + jb_2$$

则

$$\dot{I}_1 + \dot{I}_2 = (a_1 + a_2) + j(b_1 + b_2) = a + jb = I\angle\theta \longleftrightarrow i_1 + i_2 = \sqrt{2}I\sin(\omega t + \theta)$$

$$\dot{I}_1 - \dot{I}_2 = (a_1 - a_2) + j(b_1 - b_2) = a + jb = I\angle\theta \longleftrightarrow i_1 - i_2 = \sqrt{2}I\sin(\omega t + \theta)$$

例 4.6 已知正弦电流 $i_1(t) = 100\sqrt{2}\sin(\omega t + 30°)A$，$i_2(t) = 220\sqrt{2}\sin(\omega t - 60°)A$，求这两个信号的和 $i = i_1 + i_2$ 为多少？

解

$$i_1(t) = 100\sqrt{2}\sin(\omega t + 30°)(A) \longleftrightarrow \dot{I}_1 = 100\angle30°(A) = (50\sqrt{3} + j50)(A)$$

$$i_2(t) = 220\sqrt{2}\sin(\omega t - 60°)(A) \longleftrightarrow \dot{I}_2 = 220\angle -60°(A) = (110 - j110\sqrt{3})(A)$$

则

$$\dot{I} = \dot{I}_1 + \dot{I}_2 = (50\sqrt{3} + j50) + (110 - j110\sqrt{3}) = 196.6 - j140.5 = 241.6\angle -35.6°(A)$$

故

$$i = i_1 + i_2 = 241.6\sqrt{2}\sin(\omega t - 35.6°)(A)$$

练习与思考

1. 写出下列各正弦信号函数式的相量形式。

（1） $u = 8\sin(\omega t - 60°)$V

（2） $u = 8\sin(\omega t - 240°)$V

（3） $i = 5\cos(\omega t + 30°)$A

（4） $i = -6\sin(\omega t - 120°)$A

2. 写出下列各正弦信号相量形式的函数式。

（1） $\dot{U} = 2\angle 45°$V

（2） $\dot{U} = -5$V

（3） $\dot{I} = j3$A

（4） $\dot{I} = 4 - j4$A

3. 已知正弦电压 $u_1(t) = 10\sin(\omega t - 60°)$V ， $u_2(t) = 2\sqrt{2}\sin(\omega t + 30°)$V ，求这两个信号的和 $u = u_1 + u_2$ 为多少？

4.3 三种基本元件的相量形式

4.3.1 电阻元件的相量形式

1. 伏安特性

图 4-3（a）所示为仅含有电阻元件的电路，设通过电阻的电流为

$$i(t) = I_m \sin(\omega t + \theta_i)$$

按照关联参考方向下电阻的伏安特性

$$u(t) = Ri = RI_m \sin(\omega t + \theta_i) = U_m \sin(\omega t + \theta_u)$$

上式表明：电阻两端电压 $u(t)$ 和电流 $i(t)$ 为同频率同相位的正弦信号，它们之间的关系为

$$U_m = RI_m \quad 或 \quad U = RI \qquad (4\text{-}3\text{-}1)$$

$$\theta_u = \theta_i \qquad (4\text{-}3\text{-}2)$$

由此可见，在正弦交流电路中，电阻上电压与电流有效值或振幅值之间的关系都服从欧姆定律，且电压和电流同相。

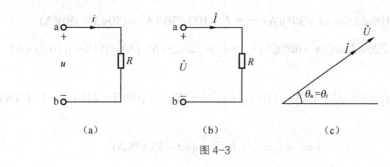

（a）　　　　　　　（b）　　　　　　　（c）

图 4-3

2．相量关系

电阻上电压相量和电流相量的关系为

$$\frac{\dot{U}}{\dot{I}} = \frac{U\angle\theta_u}{I\angle\theta_i} = \frac{U}{I}\angle(\theta_u - \theta_i) = R$$

即

$$\dot{U} = R\dot{I} \qquad \text{或} \qquad \dot{U}_\mathrm{m} = R\dot{I}_\mathrm{m} \tag{4-3-3}$$

式（4-3-3）为电阻伏安特性的相量形式，它不仅表明了电阻电压和电流之间有效值或振幅值的关系，而且还包含了相位关系。根据式（4-3-3）可画出电阻的相量模型，如图 4-3（b）所示，图 4-3（c）为电阻电压和电流的相量图。

3．功率

（1）瞬时功率

在关联的参考方向下，电阻元件吸收的瞬时功率为

$$p = ui$$

为了方便计算，取电流的初相 $\theta_i = 0$，则电阻的瞬时功率为

$$p = \sqrt{2}U\sin\omega t \cdot \sqrt{2}I\sin\omega t = 2UI\sin^2\omega t = UI(1 - \cos 2\omega t) \geqslant 0$$

上式表明，瞬时功率包括恒定分量 UI 及正弦分量 $UI\cos 2\omega t$ 两个部分，正弦分量的频率是电压（或电流）频率的两倍。瞬时功率的波形如图 4-4 所示，它随时间周期性变化，其值总是正的。这说明电阻始终消耗功率，是耗能元件。

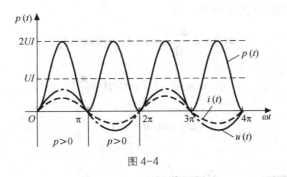

图 4-4

（2）平均功率

瞬时功率只能说明功率的变化情况，其实用意义不大，工程中常用平均功率这一概念。平均功率定义为瞬时功率 p 在一个周期 T 内的平均值，用大写字母 P 表示，即

$$P = \frac{1}{T}\int_0^T p\mathrm{d}t = \frac{1}{T}\int_0^T ui\mathrm{d}t = \frac{1}{T}\int_0^T UI(1 - \cos 2\omega t)\mathrm{d}t = UI = I^2R = \frac{U^2}{R}$$

可见，如果用电压和电流的有效值来计算电阻电路的功率，则计算公式与直流电路中的公式完全相同。由于平均功率反映了电路中实际耗能的情况，所以又称为有功功率，其单位为瓦特（W）。

一般电气设备所标的额定功率以及功率表的测量值都是指平均功率，平均功率习惯上又简称功率。

例 4.7 已知通过电阻 $R = 50\Omega$ 的电流 $i(t) = 2\sqrt{2}\sin(\omega t + 30°)$A ，试求解下述问题。

（1）电阻 R 两端电压 U 和 u 。

（2）电阻 R 消耗的功率 P 。

解

（1）
$$I = \frac{I_{\mathrm{m}}}{\sqrt{2}} = \frac{2\sqrt{2}}{\sqrt{2}} = 2(\mathrm{A})$$

$$U = IR = 2 \times 50 = 100(\mathrm{V})$$

$$u(t) = 100\sqrt{2}\sin(\omega t + 30°)(\mathrm{V})$$

（2）
$$P = UI = 100 \times 2 = 200(\mathrm{W})$$

4.3.2 电感元件的相量形式

1. 伏安特性

图 4-5（a）所示为仅含有电感元件的电路，设通过电感元件的电流为

$$i(t) = I_{\mathrm{m}}\sin(\omega t + \theta_i)$$

按照关联参考方向下电感的伏安特性，有

$$u(t) = L\frac{\mathrm{d}i(t)}{\mathrm{d}t} = \omega L I_{\mathrm{m}}\cos(\omega t + \theta_i)$$

$$= \omega L I_{\mathrm{m}}\sin\left(\omega t + \theta_i + \frac{\pi}{2}\right)$$

$$= U_{\mathrm{m}}\sin(\omega t + \theta_u)$$

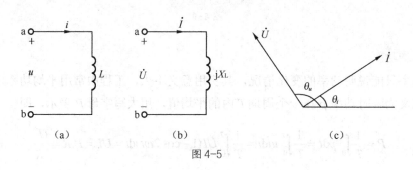

图 4-5

上式表明：电感两端电压和电流为同频率不同相位的正弦信号，电感电压超前于电流90°。电感的电压和电流关系为

$$U_m = \omega L I_m = X_L I_m \quad \text{或} \quad U = \omega L I = X_L I \tag{4-3-4}$$

$$\theta_u = \theta_i + \frac{\pi}{2} \tag{4-3-5}$$

式中

$$X_L = \omega L = 2\pi f L = \frac{U}{I} = \frac{U_m}{I_m} \tag{4-3-6}$$

X_L 称为电感的电抗，简称感抗，其单位为欧姆（Ω）。

由式（4-3-6）可见：感抗 X_L 和频率 f、电感 L 成正比；感抗是表示电感对正弦电流阻碍作用大小的物理量。

感抗的倒数记为 B_L，即

$$B_L = \frac{1}{X_L} = \frac{1}{\omega L}$$

式中，B_L 称为电感的电纳，简称感纳，单位为西门子（S）。

2. 相量关系

电感上电压相量和电流相量的关系为

$$\frac{\dot{U}}{\dot{I}} = \frac{U\angle\theta_u}{I\angle\theta_i} = \frac{U}{I}\angle(\theta_u - \theta_i) = X_L\angle\frac{\pi}{2} = jX_L$$

即

$$\dot{U} = jX_L\dot{I} \tag{4-3-7}$$

式（4-3-7）为电感在关联参考方向下伏安特性的相量形式，它不仅表明了电感电压和电流之间有效值的关系，而且也表明了它们之间的相位关系。根据式（4-3-7）可画出电感的相量模型，如图 4-5（b）所示，图 4-5（c）为电感电压和电流的相量图。

3. 功率

（1）瞬时功率和平均功率

在关联的参考方向下，设电感电流的初相 $\theta_i = 0$，则电感元件吸收的瞬时功率为

$$p = ui = \sqrt{2}U\sin\left(\omega t + \frac{\pi}{2}\right) \cdot \sqrt{2}I\sin\omega t = 2UI\cos\omega t \cdot \sin\omega t$$

$$= UI\sin 2\omega t = I^2 X_L \sin 2\omega t$$

由上式可见，瞬时功率 p 是一个正弦量，其最大值为 UI，频率为电流（或电压）频率两倍，其波形如图 4-6 所示。它在一个周期内的平均值等于零，即电感吸收的平均功率为

$$P = \frac{1}{T}\int_0^T p\mathrm{d}t = \frac{1}{T}\int_0^T ui\mathrm{d}t = \frac{1}{T}\int_0^T UI\sin 2\omega t\mathrm{d}t = 0$$

这表明了电感是不消耗能量的。

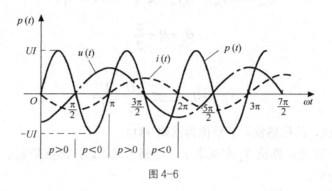

图 4-6

从图 4-6 中可以看出：电感在第 1 和第 3 个 1/4 周期内，$p=ui>0$，表明电感从电源吸收能量，并转换为磁场能量储存起来；而在第 2 和第 4 个 1/4 周期内，$p=ui<0$，这时磁场能量转换为电能交还给电源。

电感储存的磁场能量为

$$W_{\mathrm{L}} = \frac{1}{2}Li^2 = \frac{1}{2}LI_{\mathrm{m}}^2\sin^2\omega t = \frac{1}{2}LI^2(1-\cos 2\omega t)$$

（2）无功功率

电感的平均功率虽然等于零，但是电感与电源之间能量的交换始终在进行。为了衡量电感与电源交换能量的规模，我们将瞬时功率的最大值定义为无功功率，用符号 Q_{L} 表示，即

$$Q_{\mathrm{L}} = UI = I^2 X_{\mathrm{L}} = \frac{U^2}{X_{\mathrm{L}}}$$

无功功率 Q_{L} 的单位为乏（var）。

电感元件交换能量的规模为

$$W_{\mathrm{Lm}} = \frac{1}{2}LI_{\mathrm{m}}^2 = LI^2 = \frac{I^2\omega L}{\omega} = \frac{I^2 X_{\mathrm{L}}}{\omega} = \frac{Q_{\mathrm{L}}}{\omega}$$

例 4.8　已知通过电感 $L=0.1\mathrm{H}$ 的电流为 $i_{\mathrm{L}}(t)=10\sqrt{2}\sin(100t+30°)\mathrm{A}$，试求解以下问题。

（1）电感 L 两端电压 u_{L}。

（2）电感 L 的无功功率 Q_{L}。

（3）磁场能量的最大值。

解

（1）　　　　$i_{\mathrm{L}}(t)=10\sqrt{2}\sin(100t+30°)(\mathrm{A}) \longleftrightarrow \dot{I}_{\mathrm{L}}=10\angle 30°(\mathrm{A})$

$$X_{\mathrm{L}} = \omega L = 100\times 0.1 = 10(\Omega)$$

$$\dot{U}_{\mathrm{L}} = \dot{I}_{\mathrm{L}} \mathrm{j} X_{\mathrm{L}} = 10\angle 30° \times \mathrm{j}10 = 100\angle 120°(\mathrm{V})$$

$$u_{\mathrm{L}}(t) = 100\sqrt{2}\sin(100t + 120°)(\mathrm{V})$$

（2）

$$Q_{\mathrm{L}} = U_{\mathrm{L}} I_{\mathrm{L}} = 100 \times 10 = 1000(\mathrm{var})$$

（3）

$$W_{\mathrm{Lm}} = \frac{1}{2} L I_{\mathrm{Lm}}^2 = \frac{1}{2} \times 0.1 \times (10\sqrt{2})^2 = 10(\mathrm{J})$$

4.3.3　电容元件的相量形式

1. 伏安特性

图 4-7（a）所示为仅含有电容元件的电路，设加在电容两端的电压为

$$u(t) = U_{\mathrm{m}}\sin(\omega t + \theta_u)$$

按照电容关联参考方向下的伏安特性，有

$$i(t) = C\frac{\mathrm{d}u(t)}{\mathrm{d}t} = \omega C U_{\mathrm{m}}\cos(\omega t + \theta_u)$$

$$= \omega C U_{\mathrm{m}}\sin\left(\omega t + \theta_u + \frac{\pi}{2}\right)$$

$$= I_{\mathrm{m}}\sin(\omega t + \theta_i)$$

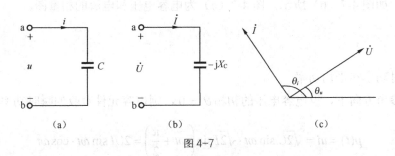

图 4-7

上式表明：电容两端电压和电流为同频率不同相位的正弦信号，电容的电流超前于电压 90°。电容电压和电流的关系为

$$I_{\mathrm{m}} = \omega C U_{\mathrm{m}} = \frac{U_{\mathrm{m}}}{1/(\omega C)} = \frac{U_{\mathrm{m}}}{X_{\mathrm{C}}}$$

即

$$U_{\mathrm{m}} = X_{\mathrm{C}} I_{\mathrm{m}} = \frac{1}{\omega C} I_{\mathrm{m}} \quad 或 \quad U = X_{\mathrm{C}} I = \frac{1}{\omega C} I \tag{4-3-8}$$

$$\theta_i = \theta_u + \frac{\pi}{2} \tag{4-3-9}$$

式中

$$X_C = \frac{1}{\omega C} = \frac{1}{2\pi f C} = \frac{U}{I} = \frac{U_m}{I_m} \tag{4-3-10}$$

X_C 称为电容的电抗，简称容抗，其单位为欧姆（Ω）。

由式（4-3-10）可见：容抗 X_C 和频率 f、电容 C 成反比。容抗是表示电容对正弦电流阻碍作用大小的物理量。

容抗的倒数记为 B_C，即

$$B_C = \frac{1}{X_C} = \omega C$$

B_C 称为电容的电纳，简称容纳，单位为西门子（S）。

2．相量关系

电容上电压相量和电流相量的关系为

$$\frac{\dot{U}}{\dot{I}} = \frac{U \angle \theta_u}{I \angle \theta_i} = \frac{U}{I} \angle (\theta_u - \theta_i) = X_C \angle -\frac{\pi}{2} = -jX_C$$

即

$$\dot{U} = -jX_C \dot{I} \tag{4-3-11}$$

式（4-3-11）是电容在关联参考方向下伏安特性的相量形式，它不仅表明了电容电压和电流之间有效值的关系，而且也表明了它们之间的相位关系。根据式（4-3-11）可画出电容的相量模型，如图 4-7（b）所示，图 4-7（c）为电容电压和电流的相量图。

3．功率

（1）瞬时功率和平均功率

在关联参考方向下，设电容电压的初相 $\theta_u = 0$，则电容元件吸收的瞬时功率为

$$p(t) = ui = \sqrt{2}U \sin\omega t \cdot \sqrt{2}I \sin\left(\omega t + \frac{\pi}{2}\right) = 2UI \sin\omega t \cdot \cos\omega t$$

$$= UI \sin 2\omega t = I^2 X_C \sin 2\omega t$$

由上式可见，瞬时功率 p 也是一个正弦量，其最大值为 UI，频率为电流（或电压）频率两倍，其波形如图 4-8 所示。它在一个周期内的平均值等于零，即电容吸收的平均功率为

$$P = \frac{1}{T}\int_0^T p\mathrm{d}t = \frac{1}{T}\int_0^T ui\mathrm{d}t = \frac{1}{T}\int_0^T UI \sin 2\omega t\mathrm{d}t = 0$$

这表明了电容是不消耗能量的。

从图 4-8 中可以看出：电容在第 2 和第 4 个 1/4 周期内，$p = ui > 0$，表明电容从电源吸收能量，并转换为电场能量储存起来；而在第 1 和第 3 个 1/4 周期内，$p = ui < 0$，这时电场

能量转换为电能送还给电源。

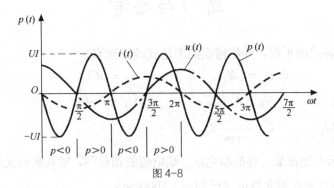

图 4-8

电容储存的电场能量为

$$W_{\mathrm{C}} = \frac{1}{2}Cu^2 = \frac{1}{2}CU_{\mathrm{m}}^2 \sin^2 \omega t = \frac{1}{2}CU^2(1 - \cos 2\omega t)$$

（2）无功功率

与电感元件相似，将电容元件瞬时功率的最大值定义为无功功率，用符号 Q_{C} 表示，即

$$Q_{\mathrm{C}} = UI = I^2 X_{\mathrm{C}} = \frac{U^2}{X_{\mathrm{C}}}$$

无功功率 Q_{C} 反映了电容与电源交换能量的规模，其单位也为乏（var）。

电容元件交换能量的规模为

$$W_{\mathrm{Cm}} = \frac{1}{2}CU_{\mathrm{m}}^2 = CU^2 = \frac{U^2 \omega C}{\omega} = \frac{U^2/X_{\mathrm{C}}}{\omega} = \frac{Q_{\mathrm{C}}}{\omega}$$

例 4.9 已知通过电容 $C = 0.1\mathrm{F}$ 的电流为 $i_{\mathrm{C}}(t) = 10\sqrt{2}\sin(100t - 30°)\mathrm{A}$，试求解下述问题。

（1）电容 C 两端电压 u_{C}。

（2）电容 C 的无功功率 Q_{C}。

（3）电场能量的最大值。

解

（1）
$$i_{\mathrm{C}}(t) = 10\sqrt{2}\sin(100t - 30°)(\mathrm{A}) \longleftrightarrow \dot{I}_{\mathrm{C}} = 10\angle -30°(\mathrm{A})$$

$$X_{\mathrm{C}} = \frac{1}{\omega C} = \frac{1}{100 \times 0.1} = 0.1(\Omega)$$

$$\dot{U}_{\mathrm{C}} = -\mathrm{j}X_{\mathrm{C}}\dot{I}_{\mathrm{C}} = -\mathrm{j}0.1 \times 10\angle -30° = 1\angle -120°(\mathrm{V})$$

$$u_{\mathrm{C}}(t) = \sqrt{2}\sin(100t - 120°)(\mathrm{V})$$

（2）
$$Q_{\mathrm{C}} = U_{\mathrm{C}}I_{\mathrm{C}} = 1 \times 10 = 10(\mathrm{var})$$

（3）
$$W_{\mathrm{Cm}} = \frac{1}{2}CU_{\mathrm{Cm}}^2 = \frac{1}{2} \times 0.1 \times (\sqrt{2})^2 = 0.1(\mathrm{J})$$

练习与思考

1. 判断下列各式的正误，并将错误的表达式改正过来。

（1）$u_R = i_R R$ $u_L = i_L X_L$ $u_C = \omega C i_C$

（2）$\dot{U}_R = R\dot{I}_R$ $\dot{U}_L = X_L \dot{I}_L$ $\dot{U}_C = X_C \dot{I}_C$

（3）$\dot{U}_L = j\omega L \dot{I}_L$ $\dot{U}_C = \dfrac{1}{j\omega C}\dot{I}_C$

2. 图 4-9 所示为加在某元件的端电压、端电流的相量图，试判断该元件是电感元件还是电容元件，并求出该元件的元件值（已知 $\omega = 1000\text{rad/s}$）。

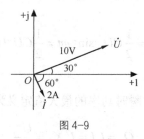

图 4-9

4.4 基尔霍夫定律的相量形式

4.4.1 基尔霍夫电流定律的相量形式

KCL 指出：电路中的任一节点，在任一时刻流入（或流出）该节点的所有支路电流的代数和等于零，即

$$\sum i(t) = 0$$

根据正弦信号瞬时值与它们相量值的对应关系，可以推出：在正弦电路中，流经任一节点的所有支路电流的相量代数和等于零，即

$$\sum \dot{I} = 0 \tag{4-4-1}$$

式（4-4-1）就是基尔霍夫电流定律的相量形式，简称 KCL 的相量形式。

4.4.2 基尔霍夫电压定律的相量形式

KVL 指出：电路中的任一回路，在任一时刻按一定方向沿着回路绕行一周，回路中各段电压的代数和为零，即

$$\sum u(t) = 0$$

同理可以推出：正弦电路中任一回路，按一定方向沿着回路绕行一周，回路中各段电压的相量代数和等于零，即

$$\sum \dot{U} = 0 \qquad\qquad (4\text{-}4\text{-}2)$$

式（4-4-2）就是基尔霍夫电压定律的相量形式，简称 KVL 的相量形式。

4.5　RLC 串联电路

4.5.1　RLC 串联电路的相量形式

在如图 4-10（a）所示的 RLC 串联电路中，各元件流过同一电流 $i(t)$，设电路两端所加正弦电压为 $u(t) = \sqrt{2}U\sin(\omega t + \theta_u)$，各元件上的电压分别为 $u_R(t)$、$u_L(t)$ 和 $u_C(t)$，根据 KVL，可列出电路的瞬时电压方程为

$$u(t) = u_R(t) + u_L(t) + u_C(t) \qquad\qquad (4\text{-}5\text{-}1)$$

$$= Ri(t) + L\frac{\mathrm{d}i(t)}{\mathrm{d}t} + \frac{1}{C}\int_{-\infty}^{t} i(\tau)\mathrm{d}\tau$$

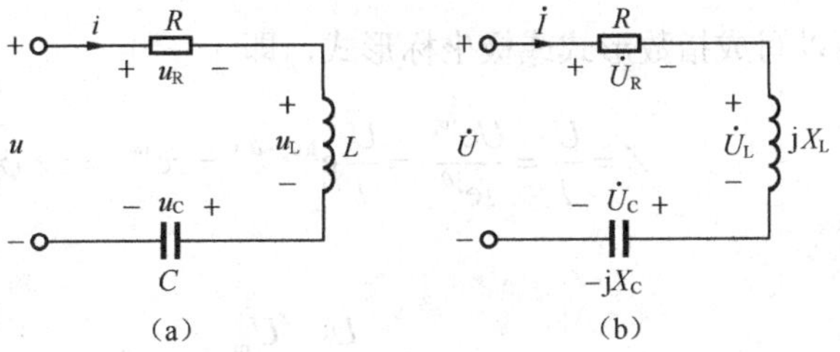

图 4-10

若已知 $u(t)$，直接在时域内求 $i(t)$，将要求解一个正弦函数的二阶微分方程，计算相当复杂。如果我们借助相量形式则可以简化运算。

将时域电路模型转换成相对应的相量模型，如图 4-10（b）所示，将式（4-5-1）各项取相对应的相量，则有

$$\dot{U} = \dot{U}_R + \dot{U}_L + \dot{U}_C \qquad\qquad (4\text{-}5\text{-}2)$$

应用单一基本元件欧姆定律的相量形式，式（4-5-2）可写成

$$\dot{U} = \dot{U}_R + \dot{U}_L + \dot{U}_C$$

$$= Z_R \dot{I} + Z_L \dot{I} + Z_C \dot{I}$$

$$= R\dot{I} + \mathrm{j}\omega L\dot{I} - \mathrm{j}\frac{1}{\omega C}\dot{I}$$

$$= R\dot{I} + \mathrm{j}X_L\dot{I} - \mathrm{j}X_C\dot{I}$$

$$=\left[R+\mathrm{j}(X_\mathrm{L}-X_\mathrm{C})\right]\dot{I}$$

$$=(R+\mathrm{j}X)\dot{I}$$

$$=Z\dot{I}$$

式中

$$Z=R+\mathrm{j}X=R+\mathrm{j}(X_\mathrm{L}-X_\mathrm{C})=R+\mathrm{j}\left(\omega L-\frac{1}{\omega C}\right)$$

Z 为复阻抗，X 为电抗。

$\dot{U}=Z\dot{I}$ 在形式上与直流电路中欧姆定律完全类似，所以称为相量形式的欧姆定律，如图 4-10（b）所示是图 4-10（a）相对应的相量模型。

4.5.2 复阻抗 Z

复阻抗的定义：电压相量与电流相量之比，即

$$Z=\frac{\dot{U}}{\dot{I}}=R+\mathrm{j}X \tag{4-5-3}$$

复阻抗 Z 反映了正弦电路阻碍电流的能力，其单位是欧姆（Ω）。

复阻抗也可以写成指数形式或极坐标形式，即

$$Z=\frac{\dot{U}}{\dot{I}}=\frac{U\mathrm{e}^{\mathrm{j}\theta_u}}{I\mathrm{e}^{\mathrm{j}\theta_i}}=\frac{U}{I}\mathrm{e}^{\mathrm{j}(\theta_u-\theta_i)}=z\mathrm{e}^{\mathrm{j}\varphi_z}=z\angle\varphi_z \tag{4-5-4}$$

式中

$$z=\frac{U}{I}=\frac{U_\mathrm{m}}{I_\mathrm{m}}$$

$$\varphi_z=\theta_u-\theta_i$$

z 称为复阻抗的模，简称为阻抗；φ_z 称为复阻抗的辐角，简称为阻抗角。

由此可见：复阻抗的模等于端口电压和电流有效值之比，阻抗角等于电压与电流的相位差。

复阻抗的代数形式与极坐标形式之间的关系为

$$z=\sqrt{R^2+X^2}=\sqrt{R^2+(X_\mathrm{L}-X_\mathrm{C})^2}$$

$$\varphi_z=\arctan\frac{X}{R}=\arctan\frac{X_\mathrm{L}-X_\mathrm{C}}{R}$$

$$R=z\cos\varphi_z$$

$$X=z\sin\varphi_z$$

显然，z、R 和 X 组成一个直角三角形，称为阻抗三角形。

4.5.3 电路的三种性质

复阻抗 Z 不仅反映了电路中电压和电流间的大小关系（ $z = \dfrac{U}{I} = \dfrac{U_m}{I_m}$ ），而且还反映了电路中电压和电流间的相位关系（ $\varphi_z = \theta_u - \theta_i$ ）。因此，RLC 串联电路的性质可通过阻抗角 φ_z 反映出来。

（1）当 $X_L > X_C$ 时， $X > 0$ ， $\varphi_z > 0$ ，则 $U_L > U_C$ ，总电压 $\dot{U}$ 超前于电流 $\dot{I}$ ，此时电路可等效为电阻与电感相串联的电路，称为电感性电路，如图 4-11（a）所示。图 4-11（a）是以电流相量作为参考相量，因为串联电路中各元件上通过的是同一电流。

（2）当 $X_L < X_C$ 时， $X < 0$ ， $\varphi_z < 0$ ，则 $U_L < U_C$ ，总电压 $\dot{U}$ 滞后于电流 $\dot{I}$ ，此时电路可等效为电阻与电容相串联的电路，称为电容性电路，如图 4-11（b）所示。

（3）当 $X_L = X_C$ 时， $X = 0$ ， $\varphi_z = 0$ ，则 $U_L = U_C$ ， $\dot{U} = \dot{U}_R$ ， $\dot{U}$ 与 $\dot{I}$ 同相，此时电路呈现纯电阻性，这是 RLC 串联电路的一种特殊情况，称为串联谐振，如图 4-11（c）所示。

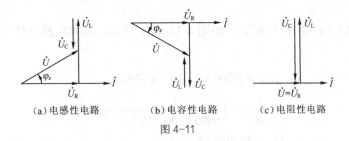

（a）电感性电路   （b）电容性电路   （c）电阻性电路

图 4-11

由图 4-11 可看出： $\dot{U}_R$ 、 $\dot{U}_L + \dot{U}_C$ 及 $\dot{U}$ 三个相量组成一个直角三角形，称为电压三角形。如图 4-12（a）所示。根据直角三角形各边的关系，有

$$U = \sqrt{U_R^2 + (U_L - U_C)^2}$$

$$\varphi_z = \arctan \frac{U_L - U_C}{U_R}$$

及

$$U_R = U \cos \varphi_z$$

$$U_L - U_C = U \sin \varphi_z$$

由于阻抗角是电压三角形中总电压与总电流之间的相位差角，所以阻抗三角形与电压三角形是两个相似三角形。阻抗三角形可以看作是电压三角形各边的大小同除以电流 I 得到，如图 4-12（b）所示。

例 4.10 如图 4-13（a）所示电路，已知 $u_C = 20\sqrt{2} \sin 1000t \text{V}$ ，试求解下述问题。

（1）求 i 、 u 的值。

（2）画出电流和电压的相量图。

（3）说明该电路的性质。

(a) 电压三角形　　　　　　　(b) 阻抗三角形

图 4-12

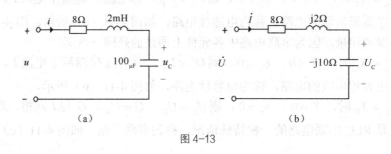

(a)　　　　　　　　　　　　　　　　(b)

图 4-13

解　作图 4-13（a）的相量模型，如图 4-13（b）所示，其中电感元件和电容元件的复阻抗分别为

$$j\omega L = j1000 \times 2 \times 10^{-3} = j2(\Omega)$$

$$-j\frac{1}{\omega C} = -j\frac{1}{1000 \times 100 \times 10^{-6}} = -j10(\Omega)$$

$$\dot{U}_C = 20\angle 0°(V)$$

（1）
$$\dot{I} = \frac{\dot{U}_C}{-j\dfrac{1}{\omega C}} = \frac{20\angle 0°}{-j10} = 2\angle 90°(A)$$

$$Z = 8 + j2 - j10 = 8 - j8 = 8\sqrt{2}\angle -45°(\Omega)$$

$$\dot{U} = \dot{I}Z = 2\angle 90° \times 8\sqrt{2}\angle -45° = 16\sqrt{2}\angle 45°(V)$$

$$i(t) = 2\sqrt{2}\sin(1000t + 90°)(A)$$

$$u(t) = 32\sin(1000t + 45°)(V)$$

（2）电流和电压的相量关系如图 4-14 所示。

（3）因为电流超前于电压 45°，所以电路呈现电容性。

图 4-14

练习与思考

1. 如图 4-15 所示，已知：$u = 5\sin(10^3 t - 30°)\text{V}$，$i = 100\sin(10^3 t + 30°)\text{mA}$，试求电路元件的参数 R 和 C。

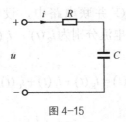

图 4-15

2. 如图 4-16 所示，若 $R = 15\text{k}\Omega$，$C = 0.01\mu\text{F}$，试问输入电压 u_i 的频率为何值时，才能使输出电压 u_o 超前于输入电压 u_i 45°？

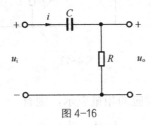

图 4-16

3. 如图 4-17 所示的交流电路，已知 $i = 2\sqrt{2}\sin(4t - 150°)\text{A}$，求电路的复阻抗 Z。

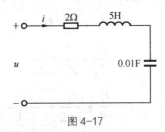

图 4-17

4. 如图 4-18 所示的交流电路，电压表 V_1 的读数为 10V，V_2 的读数为 8V，求电压表 V_3 的读数。

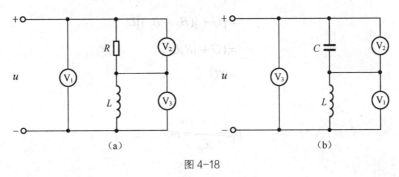

（a）　　　　　　（b）

图 4-18

4.6 RLC 并联电路

4.6.1 RLC 并联电路的相量形式

在如图 4-19（a）所示的 RLC 并联电路中，设各元件的端电压为同一正弦信号 $u(t) = \sqrt{2}U\sin(\omega t + \theta_u)$，各元件上的电流分别为 $i_R(t)$、$i_L(t)$、$i_C(t)$，根据 KCL，可列出电路的瞬时节点电流方程，即

$$i(t) = i_R(t) + i_L(t) + i_C(t) \tag{4-6-1}$$

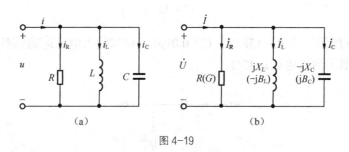

图 4-19

若对式（4-6-1）各项用其相对应的相量表示，则有

$$\dot{I} = \dot{I}_R + \dot{I}_L + \dot{I}_C \tag{4-6-2}$$

应用单一基本元件欧姆定律的相量形式，式（4-6-2）可写成

$$
\begin{aligned}
\dot{I} &= \dot{I}_R + \dot{I}_L + \dot{I}_C \\
&= \frac{\dot{U}}{Z_R} + \frac{\dot{U}}{Z_L} + \frac{\dot{U}}{Z_C} \\
&= \frac{\dot{U}}{R} + \frac{\dot{U}}{j\omega L} + \frac{\dot{U}}{-j\dfrac{1}{\omega C}} \\
&= \left[\frac{1}{R} + j\left(\omega C - \frac{1}{\omega L}\right)\right]\dot{U} \\
&= \left[G + j(B_C - B_L)\right]\dot{U} \\
&= (G + jB)\dot{U} \\
&= Y\dot{U}
\end{aligned}
$$

式中，

$$B_C = \frac{1}{X_C} = \omega C$$

$$B_{\mathrm{L}} = \frac{1}{X_{\mathrm{L}}} = \frac{1}{\omega L}$$

B_{C} 和 B_{L} 分别称为容纳和感纳，单位都为西门子（S）。

$$Y = G + \mathrm{j}B = G + \mathrm{j}(B_{\mathrm{C}} - B_{\mathrm{L}}) = \frac{1}{R} + \mathrm{j}\left(\omega C - \frac{1}{\omega L}\right)$$

Y 称为复导纳，其实部 G 是电阻的倒数，称为电导；虚部 $B = B_{\mathrm{C}} - B_{\mathrm{L}}$ 称为电纳。

式子 $\dot{I} = Y\dot{U}$ 称为相量形式的欧姆定律，与直流电路中 $I = GU$ 相类似。图 4-19（b）是图 4-19（a）相对应的相量模型。

4.6.2　复导纳 Y

复导纳定义为电流相量与电压相量之比，即

$$Y = \frac{\dot{I}}{\dot{U}} = G + \mathrm{j}B = y\angle\varphi_y$$

Y 反映了正弦电路对电流的导通能力，其单位为西门子（S）。

复导纳 Y 也可以写成指数形式或极坐标形式

$$Y = \frac{\dot{I}}{\dot{U}} = \frac{I\mathrm{e}^{\mathrm{j}\theta_i}}{U\mathrm{e}^{\mathrm{j}\theta_u}} = \frac{I}{U}\mathrm{e}^{\mathrm{j}(\theta_i - \theta_u)} = y\mathrm{e}^{\mathrm{j}\varphi_y} = y\angle\varphi_y$$

其中

$$y = \frac{I}{U} = \frac{I_{\mathrm{m}}}{U_{\mathrm{m}}}$$

$$\varphi_y = \theta_i - \theta_u$$

y 称为复导纳的模，简称为导纳；φ_y 称为复导纳的辐角，简称为导纳角。

由此可见：复导纳的模等于端口电流和电压有效值之比，导纳角等于电流与电压的相位差，即

$$\varphi_y = -\varphi_z \quad (\varphi_z \text{ 为总电压与总电流的相位差角})$$

复导纳的代数形式与极坐标形式之间的关系为

$$y = \sqrt{G^2 + B^2} = \sqrt{G^2 + (B_{\mathrm{C}} - B_{\mathrm{L}})^2}$$

$$\varphi_y = \arctan\frac{B}{G} = \arctan\frac{B_{\mathrm{C}} - B_{\mathrm{L}}}{G}$$

$$G = y\cos\varphi_y$$

$$B = y\sin\varphi_y$$

同样，y、B 和 G 也组成一个直角三角形，称为导纳三角形。

4.6.3　电路的三种性质

复导纳 Y 不仅反映了正弦电路中电流与电压间的大小关系（$y = \dfrac{I}{U} = \dfrac{I_m}{U_m}$），还反映了电流与电压间的相位关系（$\varphi_y = \theta_i - \theta_u$）。因此，RLC 并联电路的性质可通过导纳角 φ_y 反映出来。

（1）当 $B_C > B_L$ 时，$B > 0$，$\varphi_y > 0$，则 $I_C > I_L$，总电流 $\dot{I}$ 超前于电压 $\dot{U}$，此时电路可等效为电阻与电容相并联的电路，称为电容性电路，如图 4-20（a）所示。图 4-20 以电压相量作为参考相量，因为并联电路中各元件上通过的是同一电压。

（2）当 $B_C < B_L$ 时，$B < 0$，$\varphi_y < 0$，则 $I_C < I_L$，总电流 $\dot{I}$ 滞后于电压 $\dot{U}$，此时电路可等效为电阻与电感相并联的电路，称为电感性电路，如图 4-20（b）所示。

（3）当 $B_C = B_L$ 时，$B = 0$，$\varphi_y = 0$，则 $I_C = I_L$，总电流 $\dot{I}$ 与电压 $\dot{U}$ 同相，此时电路呈现纯电阻性，这是 RLC 并联电路的一种特殊情况，称为并联谐振，如图 4-20（c）所示。

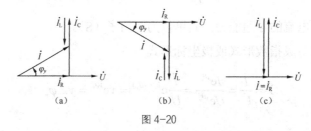

图 4-20

由图 4-20 可看出：$\dot{I}_R$、$\dot{I}_L + \dot{I}_C$ 及 $\dot{I}$ 3 个相量组成一个直角三角形，称为电流三角形，如图 4-21（a）所示。根据直角三角形各边的关系，有

$$I = \sqrt{I_R^2 + (I_C - I_L)^2}$$

$$\varphi_y = \arctan \frac{I_C - I_L}{I_R}$$

及

$$I_R = I \cos \varphi_y$$

$$I_C - I_L = I \sin \varphi_y$$

导纳三角形与电流三角形是两个相似三角形，导纳三角形可以看作是电流三角形各边的大小同除以电压 U 而得到，如图 4-21（b）所示。

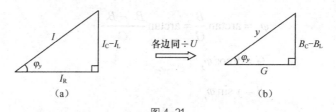

图 4-21

4.6.4 复阻抗和复导纳的等效互换

由前面分析可知：对于同一无源二端网络，复阻抗与复导纳互为倒数，即

$$Z \cdot Y = 1$$

此式可写成

$$z \angle \varphi_z \cdot y \angle \varphi_y = 1$$

则

$$z \cdot y = 1$$

$$\varphi_z + \varphi_y = 0 \ (\text{或} \ \varphi_z = -\varphi_y)$$

满足上述条件的复阻抗和复导纳相互等效。这就是说，同一段电路既可用复阻抗形式（串联形式）表示，也可以用复导纳形式（并联形式）来表示，两种形式可以等效互换。

对于串联电路

$$Z = R + jX$$

则

$$Y = \frac{1}{Z} = \frac{1}{R+jX} = \frac{R-jX}{(R+jX)(R-jX)}$$

$$= \frac{R}{R^2+X^2} - j\frac{X}{R^2+X^2}$$

$$= G + jB$$

其中

$$G = \frac{R}{R^2+X^2}$$

$$B = -\frac{X}{R^2+X^2}$$

（4-6-3）

式（4-6-3）是将电阻 R 和电抗 X 串联电路变换成并联电路时电导 G 和电纳 B 的计算公式。

对于并联电路

$$Y = G + jB$$

则

$$Z = \frac{1}{Y} = \frac{1}{G+jB} = \frac{G-jB}{(G+jB)(G-jB)}$$

$$= \frac{G}{G^2+B^2} - j\frac{B}{G^2+B^2}$$

$$= R + jX$$

其中

$$R = \frac{G}{G^2 + B^2}$$

$$X = -\frac{B}{G^2 + B^2}$$

（4-6-4）

式（4-6-4）是将电导 G 和电纳 B 并联电路变换成串联电路时电阻 R 和电抗 X 的计算公式。

应当指出的是：只有在某一固定频率的条件下才能进行复阻抗和复导纳的等效互换。

例 4.11 电路如图 4-22（a）所示，已知 $i = 10\sqrt{2}\sin(100t + 45°)\text{A}$，$R = 10\Omega$，$L = 0.1\text{H}$，$C = 1000\mu\text{F}$，试求解下述问题。

（1）求 Z_{ab}、u 的值。

（2）画出电流和电压的相量图。

（3）说明该电路的性质。

解 作图 4-22（a）的相量模型，如图 4-22（b）所示，其中电感元件和电容元件的复阻抗分别为

$$jX_L = j\omega L = j100 \times 0.1 = j10(\Omega)$$

$$-jX_C = -j\frac{1}{\omega C} = -j\frac{1}{100 \times 1000 \times 10^{-6}} = -j10(\Omega)$$

$$\dot{I} = 10\angle 45°(\text{A})$$

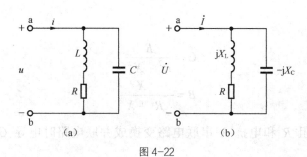

图 4-22

（1）$Z_{ab} = (R + jX_L) // -jX_C = \frac{(R + jX_L) \cdot (-jX_C)}{R + jX_L - jX_C} = \frac{(10 + j10) \cdot (-j10)}{10 + j10 - j10} = 10 - j10(\Omega)$

$$\dot{U} = \dot{I}Z_{ab} = 10\angle 45° \cdot (10 - j10) = 10\angle 45° \cdot 10\sqrt{2}\angle -45° = 100\sqrt{2}\angle 0°(\text{V})$$

则

$$u = 200\sin 100t(\text{V})$$

（2）电流和电压的相量关系如图 4-23 所示。

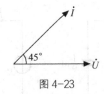

图 4-23

（3）因为电压滞后于电流 45°，所以电路呈现电容性。

练习与思考

1. 图 4-24 所示的电路中，电流表 A_1、A_2 的读数分别为 3A 和 1A，求电流表 A_3 的读数。

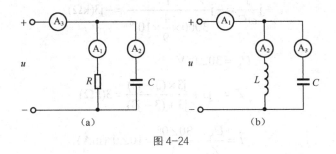

图 4-24

2. RLC 并联交流电路如图 4-25 所示，已知 $I_R = 3A$，$I_L = 1A$，$I_C = 5A$，求总电流 I。

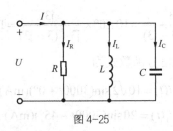

图 4-25

4.7 用相量法分析正弦交流电路

综上所述，用相量模型表示正弦信号后，就可以用直流电路的分析方法来分析计算正弦交流电路，其一般步骤如下。

（1）将时域电路模型变换成相对应的相量模型，电压和电流均为相量形式，元件为复阻抗（复导纳）形式。

（2）用直流电路的分析方法来分析计算该电路，其结果为正弦信号的相量值。

（3）根据题目要求，写出正弦信号的函数式或计算出其他变量。

例 4.12 电路如图 4-26（a）所示，已知 $u_S(t) = 30\sqrt{2}\sin 3000t\,\text{V}$，求 i、i_1 和 i_2。

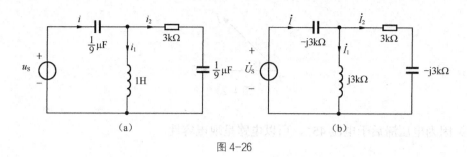

图 4-26

解 作图 4-26（a）的相量模型，如图 4-26（b）所示，其中电感元件和电容元件的复阻抗分别为

$$j\omega L = j3000 \times 1 = j3(k\Omega)$$

$$-j\frac{1}{\omega C} = -j\frac{1}{3000 \times \frac{1}{9} \times 10^{-6}} = -j3(k\Omega)$$

$$\dot{U}_S = 30\angle 0°V$$

$$Z = -j3 + \frac{j3 \times (3 - j3)}{j3 + (3 - j3)} = 3(k\Omega)$$

$$\dot{I} = \frac{\dot{U}_S}{Z} = \frac{30\angle 0°}{3} = 10\angle 0°(mA)$$

$$\dot{I}_1 = \dot{I} \times \frac{3 - j3}{j3 + (3 - j3)} = 10\angle 0° \times \frac{3 - j3}{j3 + (3 - j3)} = 10\sqrt{2}\angle -45°(mA)$$

$$\dot{I}_2 = \dot{I} \times \frac{j3}{j3 + (3 - j3)} = 10\angle 0° \times \frac{j3}{j3 + (3 - j3)} = 10\angle 90°(mA)$$

由各相量值写出对应的正弦信号函数式为

$$i(t) = 10\sqrt{2}\sin(3000t + 0°)(mA)$$

$$i_1(t) = 20\sin(3000t - 45°)(mA)$$

$$i_2(t) = 10\sqrt{2}\sin(3000t + 90°)(mA)$$

例 4.13 交流并联电路如图 4-27 所示，试求电流 $\dot{I}_1$ 和 $\dot{I}_2$。

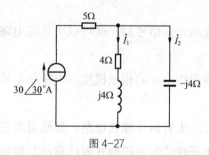

图 4-27

解 图 4-27 中的电流源为理想的电流源，故

$$\dot{I}_1 = 30\angle 30° \times \frac{-\text{j}4}{(4+\text{j}4)-\text{j}4} = 30\angle 30° \times 1\angle -90° = 30\angle -60°(\text{A})$$

$$\dot{I}_2 = 30\angle 30° \times \frac{4+\text{j}4}{(4+\text{j}4)-\text{j}4} = 30\angle 30° \times \sqrt{2}\angle 45° = 30\sqrt{2}\angle 75°(\text{A})$$

练习与思考

1. 电路如图 4-28 所示，试求电流 $\dot{I}_1$ 和 $\dot{I}_2$。

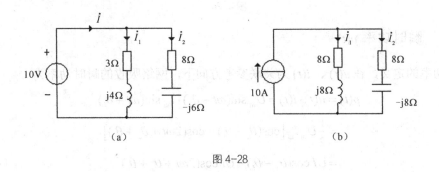

图 4-28

2. 如图 4-29 所示的电路中，电流 $i_L(t) = \sqrt{2}\sin(2t+0°)\text{A}$，求电流 $i(t)$。

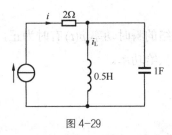

图 4-29

4.8 正弦交流电路中的功率

在单一基本元件电路的分析中，对瞬时功率、平均功率和无功功率做了介绍。在这一节里将进一步讨论由 R、L、C 多个元件组成的无源二端网络的功率问题。

任意无源二端网络如图 4-30（a）所示，其电压和电流的参考方向如图 4-30（a）所示。设端口电压为

$$u(t) = U_\text{m}\sin(\omega t + \theta_u)(\text{V})$$

端口电流为

$$i(t) = I_\text{m}\sin(\omega t + \theta_i)(\text{A})$$

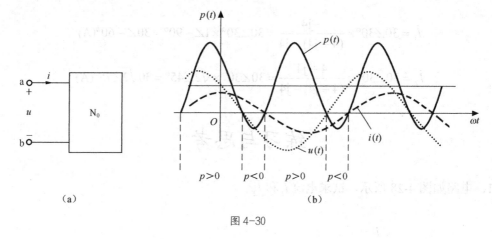

图 4-30

4.8.1 瞬时功率 $p(t)$

根据功率的定义，在 $u(t)$、$i(t)$ 为关联参考方向下，网络吸收的瞬时功率为

$$p(t) = u(t) \cdot i(t) = U_m \sin(\omega t + \theta_u) \cdot I_m \sin(\omega t + \theta_i)$$
$$= \frac{1}{2} U_m I_m \left[\cos(\theta_u - \theta_i) - \cos(2\omega t + \theta_u + \theta_i) \right]$$
$$= UI \cos(\theta_u - \theta_i) - UI \cos(2\omega t + \theta_u + \theta_i) \tag{4-8-1}$$

由式（4-8-1）可以看出：瞬时功率包含两个功率成分，一个是与时间无关的常量 $UI \cos(\theta_u - \theta_i)$；另一个则是以角频率为 2ω 随时间而变化的交变分量 $-UI \cos(2\omega t + \theta_u + \theta_i)$，它们的波形如图 4-30（b）所示。

从图 4-30（b）中可见，网络的瞬时功率 $p(t)$ 有时为正，有时为负；当 $p(t) > 0$ 时，网络吸收功率，当 $p(t) < 0$ 时，网络供给功率。

4.8.2 平均功率 P

根据平均功率（又称为有功功率，简称功率）定义

$$P = \frac{1}{T} \int_0^T p(t) \mathrm{d}t = UI \cos\varphi_z \tag{4-8-2}$$

式中，$\cos\varphi_z$ 称为无源网络的功率因数；电压与电流之间的相位差角 φ_z 称为功率因数角，φ_z 是由网络参数决定的。由上式可知：平均功率为恒定值，它不仅与网络的电压、电流有效值有关，而且还与它们的相位差 φ_z 有关。

当 $\varphi_z = \pm \dfrac{\pi}{2}$ 时，$\cos\varphi_z = 0$，此时 $P = 0$，表示该网络不消耗功率。

当 $\varphi_z = 0$ 时，$\cos\varphi_z = 1$，$P = UI$，表示该网络的消耗功率达到最大值。

由于平均功率代表了网络中所有电阻元件消耗的功率，故平均功率 P 也可以表示为

$$P = \sum_{k=1}^{n} I_k^2 R_k \tag{4-8-3}$$

即网络的平均功率等于网络中所有电阻 R_k 上所消耗的功率之和。

4.8.3 无功功率

在单一基本元件电路中曾经指出：无功功率反映了电源与电抗元件（电感和电容）之间能量互换的能力。因此，网络的无功功率等于网络中所有电感和电容元件无功功率的代数和。

无功功率的一般表达式为

$$Q = UI \sin\varphi_z \tag{4-8-4}$$

当 $\varphi_z > 0$ 时，电路呈现感性，$Q > 0$；当 $\varphi_z < 0$ 时，电路呈现容性，$Q < 0$。因此无功功率按电路的性质有正负之分。

4.8.4 视在功率

在电工技术中，将电压和电流有效值的乘积称为视在功率，用字母 S 表示，即

$$S = UI = \sqrt{P^2 + Q^2}$$

S 反映了网络中电源可能提供的或负载可能获得的最大功率。

为了与平均功率和无功功率相区别，视在功率的单位不用瓦（W）和乏（var），而是用伏安（V·A）表示。

S、P、Q 可组成一个直角三角形，它与电压三角形相似，称为功率三角形，如图 4-31 所示。

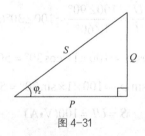

图 4-31

视在功率反映了电气设备的容量。一般发电机、变压器都是按照额定电压和额定电流设计和使用的，因此，电气设备都是以额定视在功率来表示它的容量的。

4.8.5 功率因数的提高

由于平均功率

$$P = UI \cos\varphi_z = S \cos\varphi_z$$

所以功率因数又可以写成

$$\cos\varphi_z = \frac{P}{S} \tag{4-8-5}$$

式（4-8-5）说明了电源功率被利用的程度。当电源视在功率 S 为一定时，功率因数愈小，电源功率被利用的程度愈低，也就是说输电线路的功率损耗愈大。为了提高电源功率被利用的程度，减少输电线路的功率损耗，要设法提高电路的功率因数。

由于

$$\cos\varphi_z = \frac{P}{S} = \frac{P}{\sqrt{P^2 + Q^2}}$$

故减小无功功率 Q 便可提高功率因数。

一般来说，负载大多是感性负载，通常在感性负载两端并联一个电容器，以提高电路的功率因数，这个电容器称为补偿电容。采用并联电容以提高功率因数的方法，其实质是以电容的无功功率补偿电感的无功功率，从而减少了整个电路的无功功率，使功率因数得以提高。但补偿电容超过一定数值时，电路将由感性转为容性，反而达不到提高功率因数的目的。

例 4.14 电路如图 4-32 所示，已知：$X_C = 80\Omega$，$u = 100\sqrt{2}\sin(314t + 90°)\text{V}$，$u_C = 80\sqrt{2}\sin(314t - 30°)\text{V}$。求：平均功率 P、无功功率 Q 和视在功率 S。

解

$$\dot{U} = 100\angle 90°(\text{V})$$

$$\dot{U}_C = 80\angle -30°(\text{V})$$

$$\dot{I} = \frac{\dot{U}_C}{-jX_C} = \frac{80\angle -30°}{-j80} = 1\angle 60°(\text{A})$$

$$Z = \frac{\dot{U}}{\dot{I}} = \frac{100\angle 90°}{1\angle 60°} = 100\angle 30°(\Omega)$$

$$P = UI\cos\varphi_z = 100 \times 1 \times \cos 30° = 50\sqrt{3}(\text{W})$$

$$Q = UI\sin\varphi_z = 100 \times 1 \times \sin 30° = 50(\text{var})$$

$$S = UI = 100(\text{V·A})$$

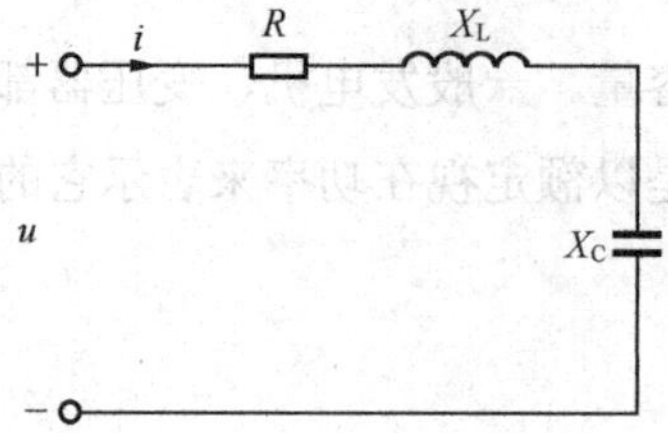

图 4-32

4.8.6 正弦交流电路中的最大功率

负载电阻从具有内阻的直流电源获得最大功率的条件在第 3 章中讨论过。本节将讨论在正弦交流电路中负载从电源获得最大功率的条件。

电路如图 4-33 所示，交流电源的电压为 $\dot{U}_S$，其内阻抗为 $Z_S = R_S + jX_S$，负载阻抗为 $Z_L = R_L + jX_L$。

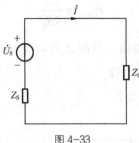

图 4-33

设电源参数已定，则负载吸收的功率将决定于负载阻抗。

由图 4-33 可知，电路中的电流相量为

$$\dot{I} = \frac{\dot{U}_S}{Z_S + Z_L} = \frac{\dot{U}_S}{(R_S + R_L) + j(X_S + X_L)}$$

其有效值为

$$I = \frac{U_S}{\sqrt{(R_S + R_L)^2 + (X_S + X_L)^2}}$$

由此可得负载吸收的功率为

$$P_L = I^2 R_L = \frac{U_S^2 R_L}{(R_S + R_L)^2 + (X_S + X_L)^2} \tag{4-8-6}$$

由式（4-8-6）可知，当 $X_S + X_L = 0$（即 $X_L = -X_S$）时，P_L 可获得最大值，此时

$$P_L = \frac{U_S^2 R_L}{(R_S + R_L)^2}$$

改变 R_L，P_L 获得最大值的条件是

$$\frac{\mathrm{d}P_L}{\mathrm{d}R_L} = U_S^2 \frac{(R_S + R_L)^2 - 2R_L(R_S + R_L)}{(R_S + R_L)^4} = 0$$

则

$$(R_S + R_L)^2 - 2R_L(R_S + R_L) = 0$$

由此可得

$$R_L = R_S$$

因此，在负载的电阻及电抗均可独立变化的情况下，负载获得最大功率的条件是

$$R_L = R_S \quad 及 \quad X_L = -X_S$$

即

$$Z_L = \overset{*}{Z}_S$$

上式表明：当负载阻抗等于电源内阻抗的共轭复数时，负载获得最大功率。负载阻抗与电源内阻抗为共轭复数的关系称为共轭匹配。此时最大功率为

$$P_{\text{Lmax}} = \frac{U_{\text{S}}^2}{4R_{\text{S}}} \tag{4-8-7}$$

例4.15 如图4-34（a）所示电路，负载 Z 为可调电阻电抗元件，试求解以下问题。

（1）Z 取何值时，可获得最大功率？

（2）负载的最大功率 P_{max} 是多少？

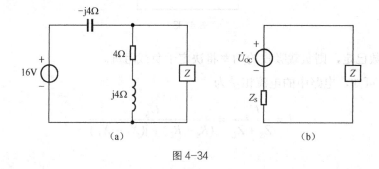

图4-34

解 设电源电压相量为 $\dot{U}_{\text{S}} = 16\angle 0°\text{V}$，根据戴维南定理，将图4-34（a）等效为图4-34（b）。

$$\dot{U}_{\text{OC}} = \dot{U}_{\text{S}} \times \frac{4 + j4}{-j4 + (4 + j4)} = 16\angle 0° \times \sqrt{2}\angle 45° = 16\sqrt{2}\angle 45°(\text{V})$$

$$Z_{\text{S}} = \frac{-j4 \times (4 + j4)}{-j4 + (4 + j4)} = 4 - j4(\Omega)$$

（1）当 $Z = \overset{*}{Z}_{\text{S}} = 4 + j4(\Omega)$ 时，负载可获得最大功率。

（2）$P_{\text{max}} = \dfrac{U_{\text{OC}}^2}{4R_{\text{S}}} = \dfrac{(16\sqrt{2})^2}{4 \times 4} = 32(\text{W})$

练习与思考

1. 某电路系统的功率方框图如图4-35所示，求该电路系统的平均功率 P、无功功率 Q 和视在功率 S。

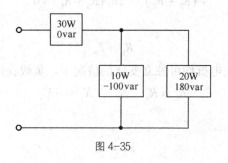

图4-35

2．如图 4-36 所示电路，负载 Z 为可调电阻电抗元件，试求解下述问题。

（1）Z 取值多少时，可获最大功率？

（2）负载的最大功率 $P_{\max}$ 是多少？

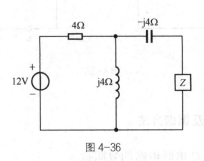

图 4-36

3．电路如图 4-37 所示，已知 $\dot{I}_s = 200\angle 0°\mathrm{mA}$，求解下述问题。

（1）负载获得最大功率时，Z 的值是多少？

（2）负载的最大功率。

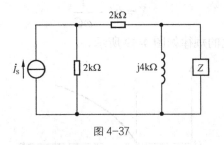

图 4-37

4.9 谐振电路

前面分析了正弦交流电路的一般情况，这一节将进一步分析正弦交流电路在一定条件下所呈现的特殊现象——谐振现象。

由于电路在谐振时具有选择信号等特性，所以谐振电路在通信技术领域得到了广泛应用；另一方面，电路中的谐振状态又可能危及或破坏系统的正常工作，所以对谐振现象的研究，具有重要的意义。

谐振电路是由电感线圈、电容器和角频率为 ω 的正弦信号源组成的，按照它们的不同连接方式，又可分为串联谐振电路和并联谐振电路。

4.9.1 串联谐振电路

将电感线圈、电容器和角频率为 ω 的正弦信号源串联，就构成了串联谐振电路，如图 4-38（a）所示。图 4-38（b）为图 4-38（a）的相量模型，R 为电感线圈的损耗电阻。

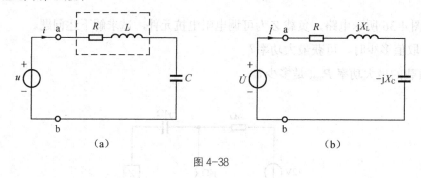

图4-38

1. 串联谐振的产生条件及调谐方法

由图4-38（b）可知，RLC串联电路的复阻抗

$$Z = R + \mathrm{j}X = R + \mathrm{j}(X_L - X_C) = R + \mathrm{j}\left(\omega L - \frac{1}{\omega C}\right) = z\angle\varphi_z$$

式中

$$X = \omega L - \frac{1}{\omega C}$$

X是ω的函数，其随ω变化的规律如图4-39所示。

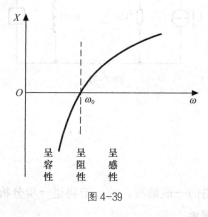

图4-39

由图4-39可知：当$\omega < \omega_0$时，$\omega L < \dfrac{1}{\omega C}$，$X < 0$，电路呈容性；当$\omega > \omega_0$时，$\omega L > \dfrac{1}{\omega C}$，$X > 0$，电路呈感性；而当$\omega = \omega_0$时

$$\omega_0 L = \frac{1}{\omega_0 C}$$

$$X = \omega_0 L - \frac{1}{\omega_0 C} = 0 \tag{4-9-1}$$

此时，电路呈电阻性，电路的电源电压与电流同相，此时的电路工作状态称为串联谐振。式（4-9-1）就是RLC串联电路发生谐振的条件，ω_0称为谐振角频率。

根据式（4-9-1），可得谐振角频率为

$$\omega_0 = \frac{1}{\sqrt{LC}}$$

或

$$f_0 = \frac{1}{2\pi\sqrt{LC}} \qquad (4\text{-}9\text{-}2)$$

由式（4-9-2）可以看出，串联电路的谐振频率 f_0（或 ω_0）仅由 L 和 C 这两个电路参数决定，而与电阻 R 无关。每一个 RLC 串联电路，总有一个与之对应的谐振频率 f_0，f_0 反映了 RLC 串联电路的一种固有性质，称为电路的固有频率。只有当外加电压的频率与电路本身的谐振频率 f_0 相等时，电路才发生谐振。当外加电压的频率偏离电路谐振频率 f_0 时，则称电路处于失谐状态。

显然，如果电路参数 L 和 C 不变，则 f_0 固定，可通过改变电源电压的频率 f 使电路达到谐振（即 $f = f_0$ 或 $\omega = \omega_0$）；如果电源电压的频率 f 一定，则可通过改变电路参数 L 或 C，使电路的谐振频率 $f_0 = f$，从而达到谐振，这两种方法都称为调谐。

2. 串联谐振的特点

（1）电路的阻抗最小。当 RLC 串联电路发生谐振时，其电抗 $X = 0$，此时电路的复阻抗为一实数，即

$$Z_0 = R + jX = R$$

且为最小值。

（2）谐振电流最大。在信号源电压 $\dot{U}$ 保持不变的情况下，电路的谐振电流为

$$\dot{I}_0 = \frac{\dot{U}}{Z_0} = \frac{\dot{U}}{R}$$

其值最大，且 $\dot{I}_0$ 与 $\dot{U}$ 相位相同。

（3）电感电压和电容电压远大于端口电压。串联谐振时，电路的感抗或容抗称为电路的特性阻抗，用字母 ρ 表示，即

$$\rho = \omega_0 L = \frac{1}{\omega_0 C} = \frac{1}{\sqrt{LC}} \cdot L = \sqrt{\frac{L}{C}} \qquad (4\text{-}9\text{-}3)$$

ρ 的单位为欧姆（Ω）。

特性阻抗 ρ 与回路电阻 R 的比值称为电路的品质因数，用字母 Q 表示，即

$$Q = \frac{\rho}{R} = \frac{\omega_0 L}{R} = \frac{1}{\omega_0 CR} = \frac{1}{R}\sqrt{\frac{L}{C}} \qquad (4\text{-}9\text{-}4)$$

品质因数又简称 Q 值，它是一个无量纲的常数，是表征电路谐振特性的一个重要参数。在通信技术中，Q 值一般为几十到几百。

串联谐振时电感电压和电容电压相等，即

$$U_{L0} = U_{C0} = \rho I_0 = \frac{\rho}{R} U = QU$$

由于$Q \gg 1$，故

$$U_{L0} = U_{C0} = QU \gg U$$

因此，串联谐振又称为电压谐振。从衡量电感、电容获得电压大小的角度考虑，Q 体现了网络品质的好坏。

3. 串联谐振电路的频率特性

当 RLC 串联电路的信号源频率变化时，电路中的电流、各元件的电压、阻抗等都将随之而变。这种电流、电压、阻抗随频率变化的关系称为频率特性，其中电流、电压随频率变化的关系又称为谐振曲线。用相量表示的变量，其中模与频率的关系称为幅频特性；辐角与频率的关系称为相频特性。频率特性可用函数式描述，也可用曲线描述。

（1）电路阻抗的频率特性。

由前面分析可得，电路阻抗的幅频特性和相频特性分别为

$$z(\omega) = \sqrt{R^2 + X^2} = \sqrt{R^2 + (\omega L - \frac{1}{\omega C})^2}$$

$$\varphi(\omega) = \arctan \frac{\omega L - \dfrac{1}{\omega C}}{R}$$

其相应的幅频特性曲线和相频特性曲线如图 4-40 所示。

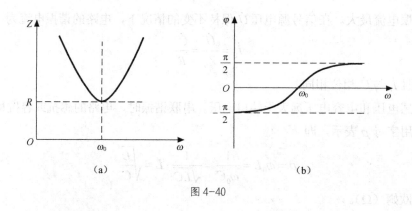

图 4-40

（2）电路中电流的频率特性。

RLC 串联电路的电流谐振曲线如图 4-41 所示，从谐振曲线可以看出，谐振时电路中的电流达到最大值。失谐时电流较小，失谐越大电流越小。利用这一特性可以从许多不同频率的信号中选出频率与谐振频率相等的信号，谐振电路的这种性能称为选择性。收音机选电台就是利用这一性能实现的。不难看出电路选择性的好坏与电流谐振曲线在谐振点附近的尖锐程度有关，曲线越尖锐，选择性越好；反之，曲线越平坦，选择性就越差。

那么，电流谐振曲线的形状与什么因素有关呢？

由图 4-41 可知，当 ω 稍偏离 ω_0 时，I 值急剧下降；当 I 下降到 I_0 的 $\frac{1}{\sqrt{2}} \approx 0.707$ 时，对应的角频率分别为 ω_1 和 ω_2，其中 ω_1 称为电路的下限截止角频率，ω_2 称为上限截止角频率，这两个截止角频率的差值称为电路的通频带，用符号 B_ω 表示，即

$$B_\omega = \omega_2 - \omega_1 = \frac{\omega_0}{Q} \tag{4-9-5}$$

由式（4-9-5）可以看出：品质因数 Q 是影响曲线形状的重要参数，Q 值越大，通频带越窄，电流谐振曲线越尖锐，其选择性越好；反之，Q 值越小，通频带越宽，电流谐振曲线越平坦，其选择性越差。

电流谐振曲线也可以 ω/ω_0 为自变量、I/I_0 为因变量、Q 为参变量作出，该谐振曲线称为通用谐振曲线。

例 4.16　电路如图 4-42 所示，已知电源电压 $U = 1\text{V}$，角频率 $\omega = 10^3 \text{rad/s}$，$R = 10\Omega$，$L = 200\text{mH}$，调节电容 C 使电路达到谐振，试求解下述问题。

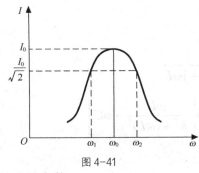

图 4-41

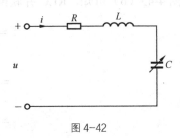

图 4-42

（1）电路参数 C、ρ、Q。

（2）电路的电流大小 I_0 和电感电压大小 U_{L0}。

（3）回路的通频带 B_ω。

解

（1）$\omega_0 = \dfrac{1}{\sqrt{LC}}$

$$C = \frac{1}{\omega_0^2 L} = \frac{1}{(10^3)^2 \times 200 \times 10^{-3}} = 5(\mu\text{F})$$

$$\rho = \omega_0 L = 10^3 \times 200 \times 10^{-3} = 200(\Omega)$$

$$Q = \frac{\rho}{R} = \frac{200}{10} = 20$$

（2）$I_0 = \dfrac{U}{R} = \dfrac{1}{10} = 0.1(\text{A})$

$$U_{L0} = U_{C0} = QU = 20 \times 1 = 20(\text{V})$$

（3）$B_\omega = \dfrac{\omega_0}{Q} = \dfrac{10^3}{20} = 50(\text{rad/s})$

4.9.2 并联谐振电路

并联谐振电路是将电感线圈和电容器并联，然后接到高内阻的信号源构成的，其电路如图 4-43（a）所示。图 4-43（b）为图 4-43（a）的相量模型，R 为电感线圈的损耗电阻。

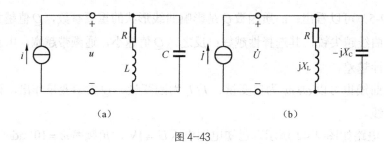

（a）　　　　　　　　　　　　（b）

图 4-43

1. 并联谐振产生的条件

由图 4-43（b）可知，RLC 并联电路的复导纳

$$Y = \frac{1}{Z} = j\omega C + \frac{1}{R + j\omega L}$$

$$= \frac{R}{R^2 + (\omega L)^2} - j\left[\frac{\omega L}{R^2 + (\omega L)^2} - \omega C\right]$$

$$= G - jB$$

式中，电导为

$$G = \frac{R}{R^2 + (\omega L)^2}$$

电纳为

$$B = \frac{\omega L}{R^2 + (\omega L)^2} - \omega C$$

并联电路中，当电纳 $B = 0$ 时，电路两端电压 $\dot{U}$ 与电流 $\dot{I}$ 同相，称为并联谐振，即

$$B = \frac{\omega_0 L}{R^2 + (\omega_0 L)^2} - \omega_0 C = 0 \tag{4-9-6}$$

式（4-9-6）为电路发生并联谐振的条件，其谐振角频率 ω_0 为

$$\omega_0 = 2\pi f_0 = \frac{1}{\sqrt{LC}}\sqrt{1 - \frac{CR^2}{L}} \tag{4-9-7}$$

在实际应用的并联谐振电路中，线圈的损耗电阻 R 总是很小的，因此式（4-9-7）可近似为

$$\omega_0 = 2\pi f_0 \approx \frac{1}{\sqrt{LC}} \qquad \text{或} \qquad f_0 \approx \frac{1}{2\pi\sqrt{LC}}$$

此时并联谐振电路的品质因数

$$Q = \frac{\rho}{R} = \frac{\omega_0 L}{R} = \frac{1}{R}\sqrt{\frac{L}{C}}$$

与串联谐振电路完全相同。

2．并联谐振的特点

（1）电路的阻抗最大。当电路发生并联谐振时，$B = 0$，所以电路的复导纳为一实数，即

$$Y_0 = G = \frac{R}{R^2 + (\omega_0 L)^2}$$

其值最小；因此，并联谐振时，电路的阻抗 $Z_0 = \dfrac{1}{Y_0}$ 为最大值。

（2）电路的端口电压最大。并联谐振时，电路的端口电压为

$$\dot{U}_0 = Z_0 \dot{I}$$

在电流 $\dot{I}$ 一定的情况下，由于谐振阻抗 Z_0 最大，所以谐振电压 $\dot{U}_0$ 为最大值，且与 $\dot{I}$ 同相。

（3）支路电流远远大于总电流。并联谐振时，电感电流和电容电流为

$$I_{L0} \approx I_{C0} = QI$$

由于 $Q \gg 1$，故

$$I_{L0} \approx I_{C0} = QI \gg I$$

因此，并联谐振又称为电流谐振。

练习与思考

1．电路如图 4-44 所示，已知 $u = 16\sqrt{2}\sin\omega t\text{V}$，求电路谐振时，电流表 A 的读数。

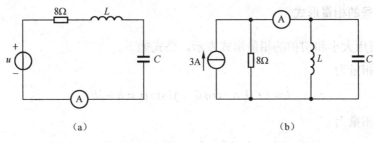

（a）　　　　　　　　　　　　（b）

图 4-44

2．求图 4-45 所示谐振电路的品质因数 Q。

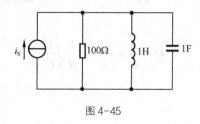

图 4-45

3．串联谐振电路如图 4-46 所示，已知电源电压 $U=10\text{V}$，$R=10\Omega$，$L=1\text{mH}$，$C=10^{-9}\text{F}$，试求解下述问题。

（1）电路参数 ω_0、ρ、Q。

（2）回路的电流 I_0 和电容电压 U_{C0}。

（3）回路的通频带 B_ω。

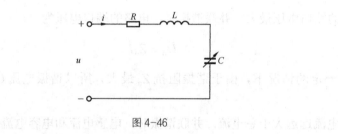

图 4-46

本 章 小 结

1. 正弦信号的三要素

以正弦电流为例，对于给定的参考方向，正弦电流的函数式为

$$i(t) = I_m \sin(\omega t + \theta_i) = \sqrt{2} I \sin(2\pi f t + \theta_i)$$

其中振幅值 I_m、角频率 ω 和初相 θ_i 是决定正弦信号的三要素，它们分别表示正弦信号变化的范围、变化的快慢及其初始状态。

2. 正弦信号的相量形式

正弦信号可用大小和初相的相量形式表示，公式如下。

① 有效值相量为

$$\dot{I} = I\angle\theta_i = I\cos\theta_i + jI\sin\theta_i = a + jb$$

② 振幅值相量为

$$\dot{I}_m = I_m\angle\theta_i = I_m\cos\theta_i + jI_m\sin\theta_i$$

3．三种基本元件的相量形式

（1）电阻元件

电阻元件的相量形式为

$$\dot{U}_R = \dot{I}_R R$$

上式说明了电阻元件电压和电流的大小关系为 $U_R = I_R R$；其相位关系为 $\theta_u = \theta_i$（即电压和电流同相）。

（2）电感元件

电感元件的相量形式为

$$\dot{U}_L = \dot{I}_L \cdot j\omega L = \dot{I}_L \cdot jX_L$$

上式说明了电感元件电压和电流的大小关系为 $U_L = I_L \cdot \omega L = I_L \cdot X_L$；其相位关系为 $\theta_u = \theta_i + \dfrac{\pi}{2}$（即电压超前电流 $\dfrac{\pi}{2}$）。

$X_L = \omega L = 2\pi fL$ 为电感元件的感抗，其表示电感对正弦电流的阻碍作用；X_L 与频率及电感成正比。

（3）电容元件

电容元件的相量形式为

$$\dot{U}_C = \dot{I}_C \cdot \left(-j\frac{1}{\omega C} \right) = \dot{I}_C \cdot (-jX_C)$$

上式说明了电容元件电压和电流的大小关系为 $U_C = I_C \cdot \dfrac{1}{\omega C} = I_C \cdot X_C$；其相位关系为 $\theta_u = \theta_i - \dfrac{\pi}{2}$（即电压滞后电流 $\dfrac{\pi}{2}$）。

$X_C = \dfrac{1}{\omega C} = \dfrac{1}{2\pi fC}$ 为电容元件的容抗，其表示电容对正弦电流的阻碍作用；X_C 与频率及电容成反比。

4．正弦交流电路的相量分析法

用相量法分析正弦电路的步骤为：首先将时域电路模型变换成相对应的相量模型，电压和电流均为相量形式，元件为复阻抗（复导纳）形式；然后用直流电路的分析方法来分析计算该电路。

（1）RLC 串联电路

在 RLC 串联电路中，各元件间有电压三角形和阻抗三角形的关系，如图 4-47 所示。

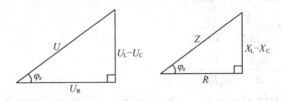

图 4-47

（2）RLC 并联电路

在 RLC 并联电路中，各元件间有电流三角形和导纳三角形的关系，如图 4-48 所示。

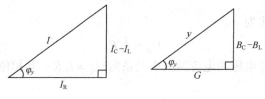

图 4-48

5．正弦交流电路的功率

（1）有功功率（平均功率）

有功功率是正弦交流电路中所有电阻元件消耗的功率之和，单位为瓦（W），即

$$P = \sum_{k=1}^{n} I_k^2 R_k = UI \cos\varphi_z$$

（2）无功功率

无功功率是正弦交流电路中所有电抗元件无功功率的代数和，单位为乏（var），即

$$Q = Q_L - Q_C = UI \sin\varphi_z$$

（3）视在功率

视在功率取有功功率或无功功率的最大值，它反映了电源可能提供的或负载可能获得的最大功率，单位为伏安（V·A）。

有功功率、无功功率和视在功率组成一个直角三角形，即

$$S = UI = \sqrt{P^2 + Q^2}$$

6．谐振电路

在含有电感和电容的无源二端网络中，当总电压和总电流同相时，网络呈现纯电阻性，电路发生了谐振现象。

（1）串联谐振

谐振条件：$X = 0$。

谐振频率：$\omega_0 = \dfrac{1}{\sqrt{LC}}$，$f_0 = \dfrac{1}{2\pi\sqrt{LC}}$。

特性阻抗：$\rho = \omega_0 L = \dfrac{1}{\omega_0 C} = \sqrt{\dfrac{L}{C}}$。

品质因数：$Q = \dfrac{\rho}{R} = \dfrac{\omega_0 L}{R} = \dfrac{1}{\omega_0 RC}$。

串联谐振的特点：谐振阻抗最小；谐振电流最大；电感电压和电容电压远大于端口电压，

称为电压谐振，即

$$U_{L0} = U_{C0} = QU$$

（2）并联谐振

谐振条件：$B = 0$。

谐振频率：$\omega_0 \approx \dfrac{1}{\sqrt{LC}}$，$f_0 \approx \dfrac{1}{2\pi\sqrt{LC}}$。

特性阻抗：$\rho = \omega_0 L = \dfrac{1}{\omega_0 C} \approx \sqrt{\dfrac{L}{C}}$。

品质因数：$Q = \dfrac{\rho}{R} = \dfrac{\omega_0 L}{R}$。

并联谐振的特点：谐振阻抗最大；流过电感和电容的电流远大于端口电流，称为电流谐振，即

$$I_{L0} = I_{C0} = QI$$

谐振电路的通频带与品质因数的关系为：$B_\omega = \dfrac{\omega_0}{Q}$ 或 $B_f = \dfrac{f_0}{Q}$，Q 值越大，频率的选择性越好。

习 题 4

1．已知负载的电压相量及电流相量如下，试求负载的复阻抗、电阻和电抗。

（1）$\dot{U} = 100\angle 30°\text{V}$，$\dot{I} = 2\angle 60°\text{A}$。

（2）$\dot{U} = 80 + \text{j}60\text{V}$，$\dot{I} = 4 - \text{j}3\text{A}$。

2．判断下列命题是否正确。

（1）纯电感电路中 $u = \text{j}\omega L \cdot i$。

（2）RC 串联电路中 $U = U_R + U_C$。

（3）$\dot{I} = 5\angle 30° = 5\text{e}^{\text{j}30°}\text{A}$。

（4）RLC 串联电路中，若电路呈现感性，则 $L > C$。

（5）RL 串联电路中，元件的端电压分别为 3V 和 4V，则总电压为 5V。

（6）RLC 串联电路中，任何一个元件上的电压，都小于电路的端电压。

3．求图 4-49 所示的相量模型的等效阻抗 Z_{ab}。

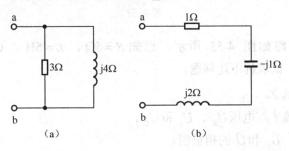

图 4-49

4. 已知流过电容的电流 $i_C(t) = 2\sin(314t + 60°)\mathrm{A}$ ，容抗 $X_C = 100\Omega$ ，试求电容 C 及电容两端的电压 $u_C(t)$ 。

5. RC 串联电路如图 4-50 所示，已知 $u_R(t) = 8\sqrt{2}\sin(2t + 0°)\mathrm{V}$ ， $u_C(t) = 8\sqrt{2}\sin(2t - 90°)\mathrm{V}$ ，试求解下述问题。

（1）电压 $u(t)$ 。

（2）作 $\dot{U}_R$ 、 $\dot{U}_C$ 和 $\dot{U}$ 的相量图。

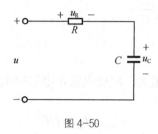

图 4-50

6. 电路如图 4-51 所示，已知 $\dot{U}_{LC} = 10\angle30°\mathrm{V}$ ，求电压相量 $\dot{U}$ 。

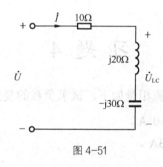

图 4-51

7. 电路如图 4-52 所示，求 U_R 、 U_L 、 U_C 的值。

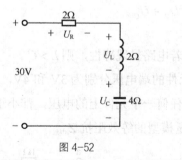

图 4-52

8. RLC 串联电路如图 4-53 所示，已知 $R = 5\Omega$ ， $L = 5\mathrm{H}$ ， $C = 0.01\mathrm{F}$ ，外加电压 $u(t) = 2\sin(4t + 0°)\mathrm{V}$ ，试求解下述问题。

（1）电路的复阻抗 Z 。

（2）电路中的电流 $\dot{I}$ ，电压 $\dot{U}_R$ 、 $\dot{U}_L$ 和 $\dot{U}_C$ 。

（3）作 $\dot{U}_R$ 、 $\dot{U}_L$ 、 $\dot{U}_C$ 和 $\dot{U}$ 的相量图。

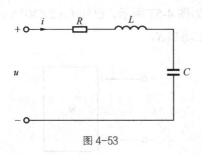

图 4-53

9. 已知 $u_S(t) = 2\sqrt{2}\sin(2t + 0°)$V，求图 4-54 所示交流电路的电容电压 $u_C(t)$。

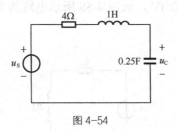

图 4-54

10. RLC 并联电路如图 4-55 所示，已知 $R = 10\Omega$，$L = 5$H，$C = 0.1$F，$\omega = 2$rad/s，外加电压 $\dot{U} = 80\angle 0°$V，试求总电压 $\dot{I}$。

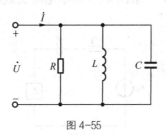

图 4-55

11. 电路如图 4-56 所示，已知 $u_S(t) = 16\sqrt{2}\sin 1000t$V，$R = 4\Omega$，$L = 4$mH，$C = 250\mu$F，试求解下述问题。

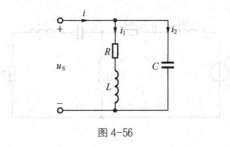

图 4-56

（1）电流 i_1、i_2 和 i。

（2）电路消耗的功率。

（3）电路的无功功率、视在功率和功率因数。

12．某无源二端网络 N_0 如图 4-57 所示，已知 $\dot{I} = 2\angle30°A$ ，$\dot{U} = 10\angle0°V$ ，求网络中的有功功率 P、无功功率 Q 及视在功率 S。

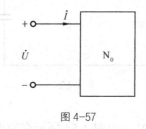

图 4-57

13．已知 $u_S = 10\sqrt{2}\sin(2t + 0°)V$ ，求图 4-58 所示电路的平均功率 P、无功功率 Q 和功率因数。

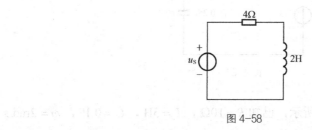

图 4-58

14．已知 $u_S = 10\sin(2t + 0°)V$ ，求图 4-59 所示电路负载获得的最大平均功率。

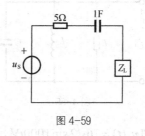

图 4-59

15．正弦交流电路如图 4-60 所示，已知 $u_S(t) = 16\sqrt{2}\sin(10t + 0°)V$ ，求电流 $i_1(t)$ 和 $i_2(t)$。

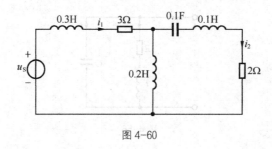

图 4-60

16．RLC 串联电路如图 4-61 所示，已知 R=5Ω，L=200mH，C=20μF，外加电压 U=10V，试求解下述问题。

（1）电路的谐振频率 f_0。

（2）电路谐振时的特性阻抗 ρ 和品质因数 Q。

（3）电路谐振时电容的电压 U_{C0}。

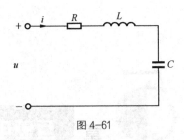

图 4-61

17. 电路如图 4-62 所示，已知 $R=10\Omega$，$L=20\text{mH}$，$C=2\mu\text{F}$，求电路的并联谐振频率 f_0、品质因数 Q 和谐振阻抗 Z_0。

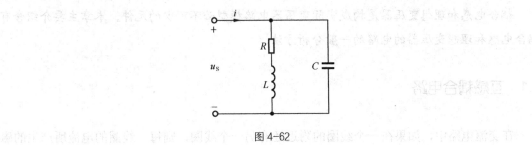

图 4-62

第 **5** 章 互感电路和理想变压器

耦合电感和理想变压器是构成实际变压器电路模型必不可少的元件。本章主要介绍含有耦合电感和理想变压器的电路的一般分析方法。

5.1 互感耦合电路

在交流电路中,如果在一个线圈的附近还有另一个线圈,则每一线圈的电流所产生的磁通,不仅与本线圈交链形成自感磁链,还将有一部分与邻近的线圈交链,因此当电流变化而引起磁通变化时,它不仅在本线圈内产生自感电压,同时在邻近的线圈中也要产生感应电压,称为互感电压。这种由于一个线圈中电流的变化而在其他线圈中产生感应电压的现象称为互感现象。这样的两个线圈称为互感线圈。

5.1.1 互感线圈的伏安特性

两个有磁耦合的线圈如图 5-1 所示,其匝数分别为 N_1 和 N_2,它们构成一个互感元件;这个互感元件共有 4 个引出端,故称为四端元件。每个线圈的两端,构成一个端口。设每个端口的电压、电流为关联的参考方向,且每个线圈中的电流和自感磁通的方向满足右手螺旋守则。

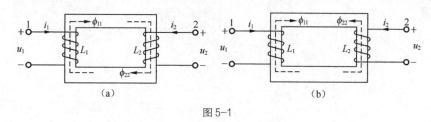

图 5-1

设线圈 1 通过的电流为 i_1,它所产生的磁通为 ϕ_{11},其中一部分穿过线圈 2,用 ϕ_{12} 表示,ϕ_{12} 称为互感磁通,ϕ_{12} 与线圈 2 交链形成的互感磁链为 ψ_{12};同理,当电流 i_2 通过线圈 2 时,产生的磁通为 ϕ_{22},其中一部分 ϕ_{21} 穿过线圈 1,ϕ_{21} 与线圈 1 交链形成的互感磁链为 ψ_{21},

则它们与电流的关系分别为

$$\psi_{11} = N_1\phi_{11} = L_1 i_1$$

$$\psi_{22} = N_2\phi_{22} = L_2 i_2$$

$$\psi_{21} = N_1\phi_{21} = M_{21} i_2$$

$$\psi_{12} = N_2\phi_{12} = M_{12} i_1$$

其中，ψ_{11} 和 ψ_{22} 分别为线圈 1 和线圈 2 的自感磁链；L_1、L_2 称为自感系数，M_{21}、M_{12} 称为互感系数。

物理学已经证明：两个线圈的互感总是相等的，且为常数，即 $M_{21} = M_{12} = M$，单位为亨（H）。

在图 5-1（a）中，ϕ_{11}、ϕ_{22} 分别为电流 i_1 和 i_2 产生的磁通，它们的方向相同，因此，在每个线圈形成的磁链是增强的，即

$$\psi_1 = \psi_{11} + \psi_{21} = L_1 i_1 + M i_2 \tag{5-1-1}$$

$$\psi_2 = \psi_{22} + \psi_{12} = L_2 i_2 + M i_1 \tag{5-1-2}$$

式中，ψ_1 和 ψ_2 分别为线圈 1 和线圈 2 的磁链。

根据电磁感应定律可得

$$u_1 = \frac{\mathrm{d}\psi_1}{\mathrm{d}t} = L_1 \frac{\mathrm{d}i_1}{\mathrm{d}t} + M \frac{\mathrm{d}i_2}{\mathrm{d}t} \tag{5-1-3}$$

$$u_2 = \frac{\mathrm{d}\psi_2}{\mathrm{d}t} = M \frac{\mathrm{d}i_1}{\mathrm{d}t} + L_2 \frac{\mathrm{d}i_2}{\mathrm{d}t} \tag{5-1-4}$$

式中，$L_1 \dfrac{\mathrm{d}i_1}{\mathrm{d}t}$、$L_2 \dfrac{\mathrm{d}i_2}{\mathrm{d}t}$ 为自感电压；$M \dfrac{\mathrm{d}i_1}{\mathrm{d}t}$、$M \dfrac{\mathrm{d}i_2}{\mathrm{d}t}$ 为互感电压。

由式（5-1-3）和式（5-1-4）可知，互感线圈每个端口电压（u_1 或 u_2）应当是自感电压与互感电压的叠加。

当互感线圈的结构不同（如线圈的绕向，相互位置不同）时，在一定的电流参考方向下，互感磁通与自感磁通的方向可能不同，此时互感电压应为负值，如图 5-1（b）所示，则

$$u_1 = L_1 \frac{\mathrm{d}i_1}{\mathrm{d}t} - M \frac{\mathrm{d}i_2}{\mathrm{d}t}$$

$$u_2 = -M \frac{\mathrm{d}i_1}{\mathrm{d}t} + L_2 \frac{\mathrm{d}i_2}{\mathrm{d}t}$$

如果知道线圈的绕向，互感电压的极性则可由电流的参考方向和线圈的结构来确定。但是，实际的互感元件制成后都是密封的，不易判别出线圈的绕向；另外，在电路图中也不可能每次都画出互感元件的结构示意图。为了解决这一问题，引入了同名端的概念，用同名端来说明互感元件的结构。

5.1.2　互感线圈的同名端与互感电压的极性

假设流过线圈 1 和线圈 2 的电流分别为 i_1 和 i_2，它们的方向如图 5-2 所示。如果这时 i_1

和 i_2 产生的磁场互相增强（即它们产生的磁通方向一致），则称 a 端和 c 端是一对同名端；如果 i_1 和 i_2 产生的磁场互相削弱（即它们产生的磁通方向相反），则称 a 端和 c 端为异名端，即 a 端和 d 端为同名端。换言之，当两个线圈的电流由同名端流入时，它们建立的磁场相互加强。

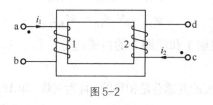

图 5-2

在电路图中，同名端一般用"●"或"*"等符号加以标记，如图 5-2 所示 a 端和 c 端旁都标有"●"，说明这两端是同名端。显然，没有标注的另外两端 b 和 d 也是同名端。

当互感线圈的同名端确定后，互感电压的正负号就容易判别了。此时互感电压的参考方向可根据电流的参考方向和同名端的位置进行判断，其方法是：如果电流的参考方向在一个线圈中是由同名端指向另一端时，则该电流在另一个线圈中产生的互感电压，其参考高电位（正极）必定在同名端上。

5.1.3 耦合系数 K

在一般情况下，一个线圈中所产生的磁通只有一部分与邻近的线圈相交链，还有一部分磁通则没有和邻近的线圈相交链，这一部分磁通称为漏磁通。漏磁通越少，两线圈之间的耦合程度就越紧密。两个线圈之间耦合的紧密程度通常用耦合系数 K 来表示，其定义为

$$K = \frac{M}{\sqrt{L_1 L_2}}$$

(5-1-5)

式中，M 为两线圈的互感；L_1、L_2 分别为两线圈的自感。

耦合系数 K 反映了两线圈磁通相耦合的程度，K 值越大表示漏磁通越少，即两个线圈之间耦合越紧密。

耦合系数 K 的大小与两线圈的相对位置有关。如果两个线圈靠得很近且互相平行或紧密绕在一起，则 K 值就可能接近于 1；反之，如果两线圈相距很远，或它们的轴线相互垂直，则 K 值就很小，甚至可能接近于 0。由此可见，当 L_1、L_2 一定时，改变两线圈的相对位置可以改变耦合系数 K 的大小，也就相应地改变互感 M 的大小。

例 5.1 列出图 5-3（a）所示互感线圈的伏安特性方程，并画出相应的相量模型。

解 因为图 5-3（a）中 i_1 和 i_2 分别由异名端（非同名端）进入，根据同名端的含义可知：由 i_1 和 i_2 作用在两个线圈中的互感电压为负值，即互感电压和自感电压极性相反。所以图 5-3（a）的伏安特性方程为

$$u_1 = L_1 \frac{\mathrm{d}i_1}{\mathrm{d}t} - M \frac{\mathrm{d}i_2}{\mathrm{d}t}$$

$$u_2 = -M \frac{\mathrm{d}i_1}{\mathrm{d}t} + L_2 \frac{\mathrm{d}i_2}{\mathrm{d}t}$$

其相量形式为

$$\dot{U}_1 = \mathrm{j}\omega L_1 \dot{I}_1 - \mathrm{j}\omega M \dot{I}_2$$

$$\dot{U}_2 = -\mathrm{j}\omega M \dot{I}_1 + \mathrm{j}\omega L_2 \dot{I}_2$$

图 5-3（b）为图 5-3（a）相对应的相量模型。

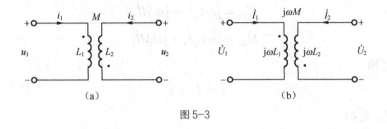

图 5-3

5.1.4 互感电路的分析方法

分析含有互感元件的正弦交流电路，首先要将电路等效为不含互感元件的一般正弦交流电路，再按照正弦交流电路的分析方法进行分析和计算。具体的等效方法有以下两种。

1. 将互感电压等效为电流控制电压源（CCVS）

互感的作用体现为互感电压的产生，而互感电压可看作是一个电流控制的电压源（CCVS）。当互感的作用等效为 CCVS 后，电路就不再含有互感了。图 5-4 为图 5-3（b）中的互感用 CCVS 替代后的等效电路。在等效替代过程中，应注意受控电压源的极性。

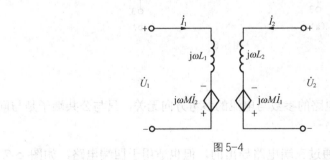

图 5-4

2. 互感消除法

互感消除法就是将互感参数等效为自感参数，使电路不再含有互感而成为一般的正弦交流电路。如图 5-5 所示为具有互感的三端电路的两种接法。图 5-5（a）的公共端子 3 与两线圈的同名端相连接；图 5-5（b）的公共端子 3 与两线圈的异名端相连接。

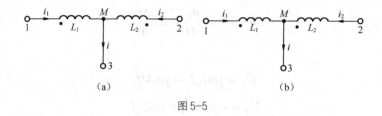

图 5-5

由图 5-5（a）所示的电流参考方向，可列出其电压方程的相量形式为

$$\dot{U}_{13} = j\omega L_1 \dot{I}_1 + j\omega M \dot{I}_2$$
$$\dot{U}_{23} = j\omega L_2 \dot{I}_2 + j\omega M \dot{I}_1$$

根据 KCL，可知

$$\dot{I} = \dot{I}_1 + \dot{I}_2$$

代入电压方程，可得

$$\dot{U}_{13} = j\omega L_1 \dot{I}_1 + j\omega M(\dot{I} - \dot{I}_1) = j\omega(L_1 - M)\dot{I}_1 + j\omega M \dot{I}$$
$$\dot{U}_{23} = j\omega L_2 \dot{I}_2 + j\omega M(\dot{I} - \dot{I}_2) = j\omega(L_2 - M)\dot{I}_2 + j\omega M \dot{I}$$

由上式可作出图 5-5（a）的等效转换图，如图 5-6（a）所示。

同理，可以推出图 5-5（b）消除互感后的等效电路，如图 5-6（b）所示。在公共支路中出现了负电感，负电感在实际电路中是有意义的。

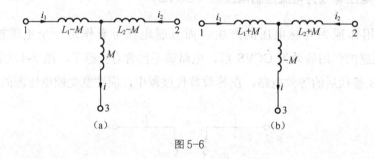

图 5-6

最后指出以下两点：

（1）互感消除后，等效电路的参数与电流的参考方向无关，只与公共端子是与同名端相接还是与异名端相接有关。

（2）互感消除法虽然是通过三端电路导出的，但也适用于四端电路，如图 5-7（a）所示是一个四端互感电路，具有互感的两线圈之间，没有公共端子。为了便于进行互感消除，可以人为地将 1′ 与 2′（或 1 与 2）两个端子连接在一起，作为一个公共端子，构成图 5-7（b）所示的电路，这样做并不影响原电路中电压、电流之间的关系，再将图 5-7（b）电路进行互感消除。

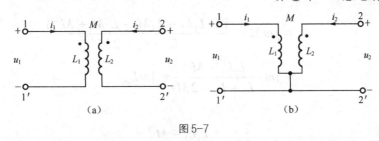

图 5-7

例 5.2 如图 5-8 所示，求两个互感线圈相串联和相并联的等效电感 L_{ab}。

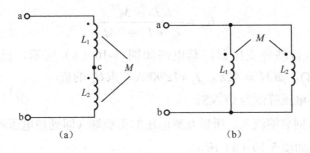

图 5-8

解 将图 5-8 消除互感后的等效电路以相量模型表示，如图 5-9 所示。

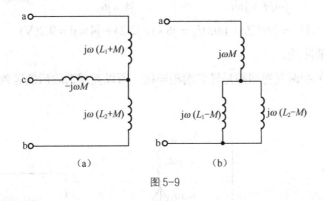

图 5-9

（1）在图 5-9（a）中

$$Z_{ab} = j\omega(L_1 + M) + j\omega(L_2 + M) = j\omega(L_1 + L_2 + 2M) = j\omega L_{ab}$$

所以

$$L_{ab} = L_1 + L_2 + 2M$$

同理，可以求得当 L_1 与 L_2 相串联的公共接点为同名端相接时，a、b 两点间的等效电感为

$$L'_{ab} = L_1 + L_2 - 2M$$

（2）在图 5-9（b）中

$$Z_{ab} = j\omega M + \frac{j\omega(L_1 - M) \cdot j\omega(L_2 - M)}{j\omega(L_1 - M) + j\omega(L_2 - M)}$$

$$= \mathrm{j}\omega M + \frac{\mathrm{j}\omega(L_1 L_2 - L_1 M - L_2 M + M^2)}{L_1 + L_2 - 2M}$$

$$= \mathrm{j}\omega \cdot \frac{L_1 L_2 - M^2}{L_1 + L_2 - 2M} = \mathrm{j}\omega L_{\mathrm{ab}}$$

所以

$$L_{\mathrm{ab}} = \frac{L_1 L_2 - M^2}{L_1 + L_2 - 2M}$$

同理，可以求得当 L_1 与 L_2 为异名端相并联时，a、b 两点间的等效电感

$$L'_{\mathrm{ab}} = \frac{L_1 L_2 - M^2}{L_1 + L_2 + 2M}$$

例 5.3 有一台自耦合变压器，其电路如图 5-10（a）所示，已知 $\dot{U}_{\mathrm{S}} = 10\angle 0°\mathrm{V}$，$\omega L_1 = 6\Omega$，$\omega L_2 = 8\Omega$，$\omega M = 4\Omega$，$\dot{I}_2 = 1\angle 90°\mathrm{A}$，求 $\dot{U}_{\mathrm{ac}}$ 的值。

解法一 将互感电压等效为 CCVS。

由于 $\dot{I}_1$、$\dot{I}_2$ 均从同名端流入，所以互感电压的正极端（即受控电压源的正极端）在同名端这端，其等效电路如图 5-10（b）所示。

$$\dot{U}_{\mathrm{S}} = \mathrm{j}\omega L_1 \dot{I}_1 + \mathrm{j}\omega M \dot{I}_2 + \mathrm{j}\omega L_2 \dot{I}_2 + \mathrm{j}\omega M \dot{I}_1$$

$$\dot{I}_1 = \frac{\dot{U}_{\mathrm{S}} - (\mathrm{j}\omega M + \mathrm{j}\omega L_2)\dot{I}_2}{\mathrm{j}\omega M + \mathrm{j}\omega L_1} = \frac{10\angle 0° - (\mathrm{j}4 + \mathrm{j}8) \times 1\angle 90°}{\mathrm{j}4 + \mathrm{j}6} = -\mathrm{j}2.2(\mathrm{A})$$

$$\dot{U}_{\mathrm{ac}} = \mathrm{j}\omega L_1 \dot{I}_1 + \mathrm{j}\omega M \dot{I}_2 = \mathrm{j}6 \times (-\mathrm{j}2.2) + \mathrm{j}4 \times \mathrm{j}1 = 9.2(\mathrm{V})$$

解法二 互感消除法。

由于图 5-10（a）中两互感线圈是异名端相连接，所以互感消除后的等效电路如图 5-10（c）所示。

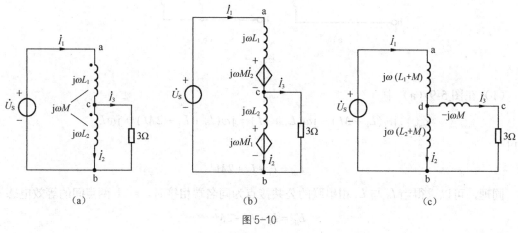

图 5-10

$$\dot{U}_{\mathrm{S}} = \mathrm{j}\omega(L_1 + M)\dot{I}_1 + \mathrm{j}\omega(L_2 + M)\dot{I}_2$$

$$\dot{I}_1 = \frac{\dot{U}_{\mathrm{S}} - \mathrm{j}\omega(L_2 + M)\dot{I}_2}{\mathrm{j}\omega(L_1 + M)} = \frac{10\angle 0° - (\mathrm{j}8 + \mathrm{j}4) \times 1\angle 90°}{\mathrm{j}6 + \mathrm{j}4} = -\mathrm{j}2.2(\mathrm{A})$$

$$\dot{I}_3 = \dot{I}_1 - \dot{I}_2 = -j2.2 - j1 = -j3.2(A)$$

$$\dot{U}_{ac} = j\omega(L_1 + M)\dot{I}_1 - j\omega M\dot{I}_3 = (j6 + j4)\times(-j2.2) - j4\times(-j3.2) = 9.2(V)$$

练习与思考

1. 如图 5-11 所示，已知具有互感的两线圈的电感分别为 $L_1 = 6H$，$L_2 = 4H$，互感为 $M = 3H$，试计算将两线圈串联和并联时的等效电感 L_{ab}。

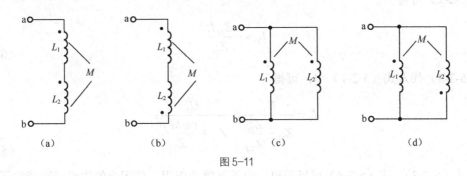

图 5-11

2. 电路如图 5-12 所示，已知 $\dot{U} = 10V$、$\omega L_1 = \omega L_2 = 8\Omega$、$\omega M = 4\Omega$，试求 ab 端的戴维南等效电路。

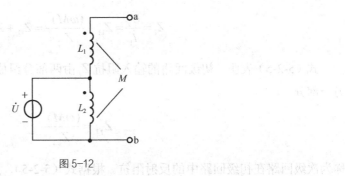

图 5-12

*5.2　空心变压器

利用互感线圈的电磁耦合，可以实现从一个电路向另一个电路传输能量或信号，这种具有互感的线圈又称为变压器。空心变压器则是由两个绕在非铁磁材料芯上具有互感的线圈所组成。

如图 5-13（a）所示为空芯变压器的电路模型。与电源相联的线圈称为初级线圈，R_1 和 L_1 分别表示初级线圈的电阻和电感；与负载相联的线圈称为次级线圈，R_2 和 L_2 分别表示次级线圈的电阻和电感；Z_L 为负载阻抗，两线圈的互感为 M。根据图 5-13（a）所示电压、电流的参考方向和同名端位置，可列出初、次级回路的 KVL 方程为

$$(R_1 + j\omega L_1)\dot{I}_1 + j\omega M\dot{I}_2 = \dot{U}_1$$

$$j\omega M\dot{I}_1 + (R_2 + j\omega L_2 + Z_L)\dot{I}_2 = 0$$

Z_{11} 为初级回路自阻抗，$Z_{11} = R_1 + j\omega L_1$；$Z_{22}$ 为次级回路自阻抗，$Z_{22} = R_2 + j\omega L_2 + Z_L$；$Z_M$ 为初、次级回路间的互阻抗，$Z_M = j\omega M$，则有

$$Z_{11}\dot{I}_1 + Z_M\dot{I}_2 = \dot{U}_1 \tag{5-2-1}$$

$$Z_M\dot{I}_1 + Z_{22}\dot{I}_2 = 0 \tag{5-2-2}$$

由式（5-2-2）可得

$$\dot{I}_2 = -\frac{Z_M\dot{I}_1}{Z_{22}} \tag{5-2-3}$$

将式（5-2-3）代入式（5-2-1）中，可得

$$\dot{I}_1 = \frac{\dot{U}_1}{Z_{11} - \dfrac{Z_M^2}{Z_{22}}} = \frac{\dot{U}_1}{Z_{11} + \dfrac{(\omega M)^2}{Z_{22}}} \tag{5-2-4}$$

由式（5-2-3）、式（5-2-4）可以看出：由于互感的作用，使闭合的次级回路产生了电流，这个电流又因为互感的作用反过来影响初级回路。

（1）初级等效电路。由式（5-2-4）可得初级回路的输入阻抗为

$$Z_i = \frac{\dot{U}_1}{\dot{I}_1} = Z_{11} + \frac{(\omega M)^2}{Z_{22}} = Z_{11} + Z_{f1} \tag{5-2-5}$$

式（5-2-5）表明：初级回路的输入阻抗 Z_i 由两部分组成，其中 Z_{11} 为初级回路的自阻抗，另一部分

$$Z_{f1} = \frac{(\omega M)^2}{Z_{22}} \tag{5-2-6}$$

称为次级回路在初级回路中的反射阻抗。根据式（5-2-5）、式（5-2-6）可作出初级等效电路，如图 5-13（b）所示。

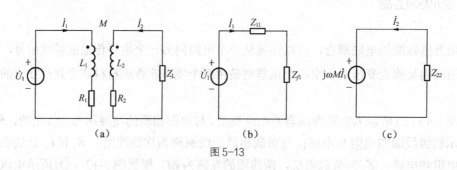

图 5-13

（2）次级等效电路。由式（5-2-3）可以作出次级等效电路，如图 5-13（c）所示；式中

$Z_M \dot{I}_1 = j\omega M \dot{I}_1$ 是初级电流 $\dot{I}_1$ 通过互感在次级线圈中产生的感生电压，这个感生电压在次级回路中可等效为电压源，电压源的极性则要根据初级电流的参考方向和同名端位置来确定。$Z_{22} = R_2 + j\omega L_2 + Z_L$ 为次级回路自阻抗。

利用反射阻抗的概念，可以得到空心变压器的初级、次级等效电路，这也是互感电路等效分析的另一种方法。

例 5.4 空芯变压器电路如图 5-14(a)所示，已知 $\dot{U}_1 = 100\angle 0°\text{V}$、$R_1 = 20\Omega$、$\omega L_1 = 20\Omega$、$\omega L_2 = 40\Omega$、$\omega M = 40\Omega$，$R_2 = 30\Omega$，$R_L = 10\Omega$，求电流 $\dot{I}_1$、$\dot{I}_2$ 和电阻 R_L 吸收的功率。

解 根据已知参数得初、次级回路的自阻抗

$$Z_{11} = R_1 + j\omega L_1 = 20 + j20(\Omega)$$

$$Z_{22} = R_2 + j\omega L_2 + R_L = 30 + j40 + 10 = 40 + j40(\Omega)$$

反射阻抗为

$$Z_{f1} = \frac{(\omega M)^2}{Z_{22}} = \frac{40^2}{40 + j40} = 20 - j20(\Omega)$$

作初级等效电路如图 5-14（b）所示，由图 5-14（b）可得

$$\dot{I}_1 = \frac{\dot{U}_1}{Z_{11} + Z_{f1}} = \frac{100\angle 0°}{(20 + j20) + (20 - j20)} = 2.5\angle 0°(\text{A})$$

作次级等效电路如图 5-14（c）所示，由图 5-14（c）可得

$$\dot{I}_2 = \frac{j\omega M \dot{I}_1}{Z_{22}} = \frac{j40 \times 2.5\angle 0°}{40 + j40} = 1.25\sqrt{2}\angle 45°(\text{A})$$

$$P_{R_L} = I_2^2 R_L = (1.25\sqrt{2})^2 \times 10 = 31.25(\text{W})$$

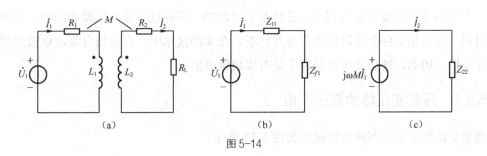

图 5-14

练习与思考

1. 电路如图 5-15 所示，已知 $L_1 = 0.1\text{H}$，$L_2 = 0.4\text{H}$，$M = 0.12\text{H}$，试求解下述问题。

（1）当 c、d 端短路时，a、b 两端的等效电感 L_{ab}。

（2）当 a、b 端短路时，c、d 两端的等效电感 L_{cd}。

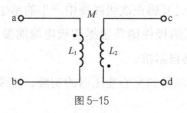

图 5-15

2. 电路如图 5-16 所示，已知 $\dot{U}_1 = 100\angle 0°\text{V}$，为使负载阻抗 Z_L 获得最大功率，求 Z_L 的值和负载阻抗 Z_L 获得最大功率 P_{Lmax} 的值。

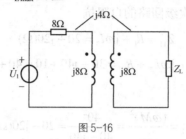

图 5-16

5.3　理想变压器

所谓理想变压器，就是指在传送能量和信号时没有损耗和波形畸变的变压器。要达到这一指标，必须满足以下 3 个条件。

（1）耦合系数 $K=1$，即初级线圈和次级线圈都没有漏磁通。

（2）初、次级线圈的自感系数 L_1、L_2 趋于无穷大，且 L_1/L_2 等于常数。

（3）变压器本身没有功率损耗。

一个实际变压器要完全达到上述条件是不可能的，但通过改进变压器的结构，合理选择铁芯材料，可以使实际变压器接近于理想状态。在实用技术中，许多场合都可以按理想变压器进行分析。因此，理想变压器的理论是有实用价值的。

5.3.1　理想变压器的变压作用

理想变压器的示意图和电路模型如图 5-17 所示。

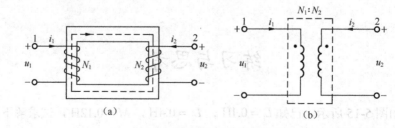

图 5-17

N_1 和 N_2 分别为线圈 1 和线圈 2 的匝数。由于铁芯的导磁率很高，一般可认为磁通全部

集中在铁芯中，并与全部线匝交链，若铁芯磁通为ϕ，根据电磁感应定律，有

$$u_1 = N_1 \frac{\mathrm{d}\phi}{\mathrm{d}t}$$

$$u_2 = N_2 \frac{\mathrm{d}\phi}{\mathrm{d}t}$$

则理想变压器的变压关系式为

$$\frac{u_1}{u_2} = \frac{N_1}{N_2} = n$$

（5-3-1）

式中，n 为初级线圈与次级线圈的匝数比，是一个常数。

5.3.2 理想变压器的变流作用

理想变压器是 L_1、L_2 趋于无穷大，且 $K=1$ 的无损耗互感线圈，因此理想变压器的相量模型可用图 5-18 表示，其端电压的相量形式为

$$\mathrm{j}\omega L_1 \dot{I}_1 + \mathrm{j}\omega M \dot{I}_2 = \dot{U}_1$$

$$\mathrm{j}\omega M \dot{I}_1 + \mathrm{j}\omega L_2 \dot{I}_2 = \dot{U}_2$$

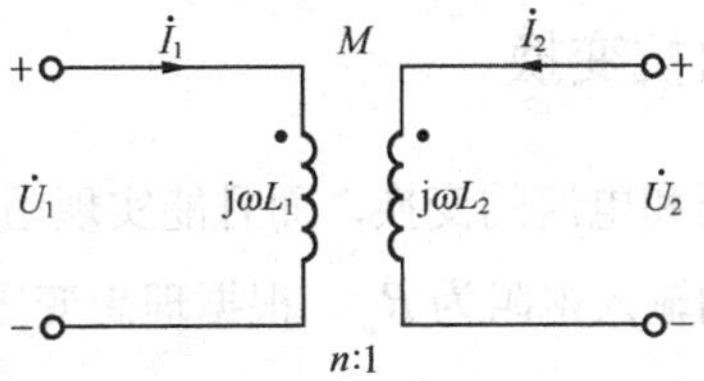

图 5-18

因为 $K=1$，即

$$M = \sqrt{L_1 L_2}$$

则

$$\mathrm{j}\omega L_1 \dot{I}_1 + \mathrm{j}\omega \sqrt{L_1 L_2} \dot{I}_2 = \dot{U}_1$$

$$\mathrm{j}\omega \sqrt{L_1 L_2} \dot{I}_1 + \mathrm{j}\omega L_2 \dot{I}_2 = \dot{U}_2$$

$$\sqrt{\frac{L_2}{L_1}}(\mathrm{j}\omega L_1 \dot{I}_1 + \mathrm{j}\omega \sqrt{L_1 L_2} \ \dot{I}_2) = \dot{U}_2$$

则

$$\frac{\dot{U}_1}{\dot{U}_2} = \sqrt{\frac{L_1}{L_2}} = n$$

$$\dot{I}_1 = \frac{\dot{U}_1}{\mathrm{j}\omega L_1} - \sqrt{\frac{L_2}{L_1}}\dot{I}_2$$

由于 $L_1 \rightarrow \infty$，所以

$$\frac{\dot{I}_1}{\dot{I}_2} = -\sqrt{\frac{L_2}{L_1}} = -\frac{1}{n} \tag{5-3-2}$$

式（5-3-2）为理想变压器的变流关系式。式（5-3-2）也可写成瞬时值形式为

$$\frac{i_1}{i_2} = -\frac{1}{n}$$

理想变压器可以看成是一种极限情况下的互感线圈,这一抽象使元件的性质发生了变化。耦合线圈既是动态元件,又是储能元件;而理想变压器不是动态元件,它既不储能,也不耗能,仅仅起到变换参数的作用,它吸收的瞬时功率恒等于零,即

$$p = u_1 i_1 + u_2 i_2 = n u_2 \cdot \left(-\frac{1}{n} i_2 \right) + u_2 i_2 = 0$$

在进行变压和变流计算时,要根据理想变压器的同名端来确定变压、变流关系式中的正、负号,其原则如下。

（1）若理想变压器两端口电压的极性对同名端一致时,则变压关系式中为正号,否则为负号。

（2）若理想变压器两端口电流的方向对同名端相反时,则变流关系式中为正号,否则为负号。

5.3.3 理想变压器的阻抗变换

理想变压器不仅能实现电压和电流的变换,而且能实现阻抗变换。如图 5-19（a）所示为理想变压器模型,设初级线圈的输入电阻为 R_i。根据理想变压器电压和电流的变换关系,有

$$u_1 = n u_2$$

$$i_1 = \frac{1}{n} i_2$$

所以初级线圈的输入电阻为

$$R_i = \frac{u_1}{i_1} = \frac{n u_2}{\frac{1}{n} i_2} = n^2 \frac{u_2}{i_2} = n^2 R_L \tag{5-3-3}$$

式（5-3-3）表明:从初级线圈看进去,次级线圈的电阻改变为原来的 n^2 倍,这就是理想变压器变换电阻的特性。通常将 $n^2 R_L$ 称为次级电阻在初级电路的折合电阻。根据折合电阻 $n^2 R_L$ 可作出的初级等效电路如图 5-19（b）所示。

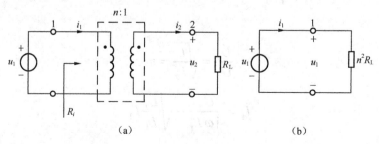

图 5-19

在正弦交流电路中，式（5-3-3）可用相量形式表示。当负载阻抗为 Z_L 时，初级线圈的输入阻抗 Z_i 为

$$Z_i = \frac{\dot{U}_1}{\dot{I}_1} = n^2 Z_L \tag{5-3-4}$$

式（5-3-4）中，$n^2 Z_L$ 称为次级阻抗在初级电路的折合阻抗。

例 5.5 含有理想变压器的电路如图 5-20(a)所示，已知 $\dot{U}_1 = 20\angle 0°\text{V}$，求电流 $\dot{I}_1$ 和 $\dot{I}_2$。

解 由图 5-20（a）可知次级线圈的阻抗为

$$Z_L = 1 + j1(\Omega)$$

其折合到初级线圈的阻抗为

$$Z_L' = n^2 Z_L = 2^2 \times (1 + j1) = 4 + j4(\Omega)$$

作初级等效电路，如图 5-20（b）所示，由图 5-20（b）可得

$$\dot{I}_1 = \frac{\dot{U}_1}{-j4 + Z_L'} = \frac{20\angle 0°}{-j4 + (4 + j4)} = 5\angle 0°(\text{A})$$

根据电流变换特性，可得

$$\dot{I}_2 = n\dot{I}_1 = 2 \times 5\angle 0° = 10\angle 0°(\text{A})$$

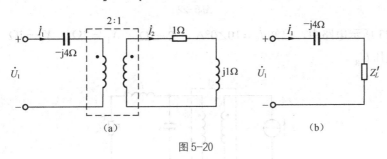

图 5-20

例 5.6 电路如图 5-21 所示，用一理想变压器使负载阻抗与电源内阻抗相匹配，已知 $\dot{U} = 100\angle 0°\text{V}$，$R_1 = 0.3\text{k}\Omega$，$R_2 = 3\Omega$，试求理想变压器的匝数比 n 及负载吸收的功率。

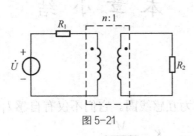

图 5-21

解 电路匹配时必有

$$R_1 = n^2 R_2$$

所以

$$n = \sqrt{\frac{R_1}{R_2}} = \sqrt{\frac{0.3 \times 1000}{3}} = 10$$

负载吸收的功率为

$$P_2 = P_{max} = \frac{U^2}{4R_1} = \frac{100^2}{4 \times 0.3 \times 1000} \approx 8.3(\text{W})$$

练习与思考

1. 图 5-22 所示电路中，负载电阻 R_L 为可变电阻，求解下述问题。

（1）R_L 取何值时，负载吸收的功率为最大值。

（2）负载 R_L 吸收的最大功率为多少？

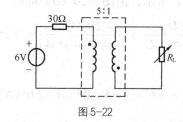

图 5-22

2. 图 5-23 所示电路中，已知 $\dot{I}_S = 10\angle 0° \text{A}$，$R = 1\Omega$，$X_L = 2\Omega$，$X_C = 1\Omega$，$n = 0.5$，试求电阻 R 的电压 $\dot{U}_R$。

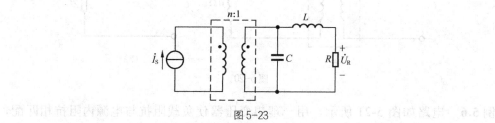

图 5-23

本 章 小 结

1. 互感耦合电路

两个具有磁耦合的线圈称为互感线圈。它们不仅有自感 L_1、L_2，还具有互感 M。两线圈耦合的程度由耦合系数 K 表示，$K = \dfrac{M}{\sqrt{L_1 L_2}}$。

互感电路的分析方法有以下 3 种。

（1）将互感电路等效为 CCVS。

（2）互感消除法。

（3）利用反射阻抗的概念，通过作初、次级等效电路的方法进行分析。

2．理想变压器

理想变压器的条件是无损耗、全耦合，且导磁系数为无穷大，其主要特性如下。

变电压特性：$\dfrac{U_1}{U_2} = \dfrac{N_1}{N_2} = n$。

变电流特性：$\dfrac{I_1}{I_2} = \dfrac{N_2}{N_1} = \dfrac{1}{n}$。

变阻抗特性：$\dfrac{Z_1}{Z_2} = \left(\dfrac{N_1}{N_2}\right)^2 = n^2$。

习 题 5

1．电路如图 5-24 所示，已知 $L_1 = 6\text{H}$，$L_2 = 4\text{H}$，$M = 3\text{H}$，试求 ab 两端的等效电感 L_{ab}。

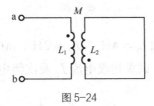

图 5-24

2．电路如图 5-25 所示，已知 $\dot{U} = 20\angle 0°\text{V}$，$\omega L_1 = \omega L_2 = 10\Omega$，$\omega M = 2\Omega$，$R_1 = 10\Omega$，欲使次级对初级的反射阻抗为 $Z_{f1} = 10 - \text{j}10\Omega$，求负载 Z_L 应为何值？负载获得的功率为多大？

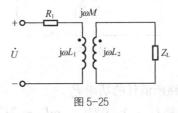

图 5-25

3．电路如图 5-26 所示，已知 $u_S = 10\sin t\text{V}$，$L_1 = L_2 = 1\text{H}$，$R_1 = 1\Omega$，耦合系数 $K = 0.5$，求解下述问题。

（1）u_{ab} 和 u_{cd}。

（2）若 $R_1 = 0$，u_{cd} 的值是多少？

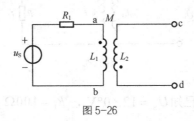

图 5-26

4．在图 5-27 所示电路中，两线圈之间的互感 $M = 0.02\text{H}$ ，$i_1 = 10\sin 1000t\text{A}$ ，试求互感电压 u_2 。

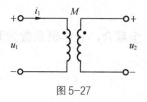

图 5-27

5．电路如图 5-28 所示，已知 $L_1 = 1\text{H}$ ，$L_2 = 2\text{H}$ ，$M = 0.5\text{H}$ ，$R_1 = R_2 = 200\Omega$ ，$u_S = 100\sqrt{2}\sin 200t\text{V}$ ，试求电流 i 。

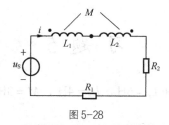

图 5-28

6．电路如图 5-29 所示，已知 $L_1 = 4\text{H}$ ，$L_2 = 2\text{H}$ ，$M = 2\text{H}$ ，$R_1 = 20\Omega$ ，$R_2 = 8\Omega$ ，$R_L = 12\Omega$ ，$u_S = 60\sqrt{2}\sin 10t\text{V}$ ，试求初级电流 $\dot{I}_1$ 及次级电流 $\dot{I}_2$ 。

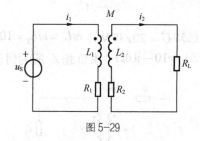

图 5-29

7．试求题 6 电路中次级回路所消耗的功率 P_2 。

8．电路如图 5-30 所示，已知 $\dot{U}_1 = 1\angle 0°\text{V}$ ，$\omega L_1 = 2\Omega$ ，$\omega L_2 = 8\Omega$ ，$R = 8\Omega$ ，耦合系数 $K = 1$ ，试求初级电流 $\dot{I}_1$ 和输出电压 $\dot{U}_2$ 。

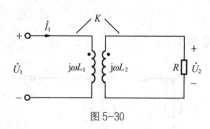

图 5-30

9．电路如图 5-31 所示，已知 $\dot{U}_S = 12\angle 0°\text{V}$ ，$R_1 = 100\Omega$ ，$R_2 = 5\Omega$ ，试求电压 $\dot{U}_2$ 。

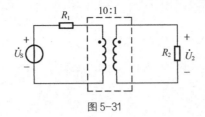

图 5-31

10. 电路如图 5-32 所示，已知 $\dot{U}_S = 24\angle 0°\text{V}$，试求 $\dot{I}_1$ 和 $\dot{I}_2$。

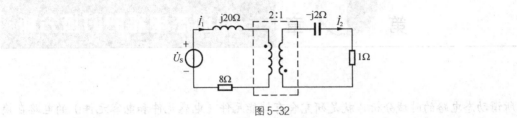

图 5-32

11. 电路如图 5-33 所示，已知 $\dot{U} = 10\text{V}$，$R = 1\text{k}\Omega$，欲使 10Ω 扬声器获得最大功率，试求解如下问题。

（1）理想变压器的匝数比 n。

（2）扬声器获得最大功率时，电路中的电流 $\dot{I}_1$ 和 $\dot{I}_2$。

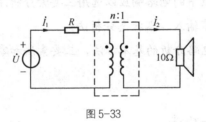

图 5-33

12. 某理想变压器的次级有两组线圈，如图 5-34 所示，它们与初级的匝数比分别为 $n_1 = 2$，$n_2 = 4$；如果次级阻抗 $Z_1 = 8 + \text{j}8(\Omega)$，$Z_2 = 2 - \text{j}2(\Omega)$，求初级的输入阻抗 Z_{ab}。

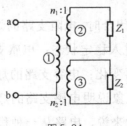

图 5-34

第**6**章　一阶动态电路的时域分析

所谓动态电路的时域分析，就是研究含有储能元件（电感元件和电容元件）的电路在换路时，从一种稳定状态转变到另一种稳定状态过程中各变量随时间变化的规律，即研究电路各变量在暂态过程的规律。凡是用一阶微分方程描述的电路就称为一阶电路。从电路结构来看，只包含一个动态元件的电路称为一阶动态电路。

一阶动态电路的时域分析方法有两种：一种是三要素分析法；另一种是零输入、零状态分析法。对确定直流信号激励下的电路响应以选用三要素分析法较为简便；对确定任意信号激励下的电路响应则应选用零输入、零状态分析法。

本章主要介绍一阶动态电路分析的基本方法，三要素法和零输入、零状态法是必须熟练掌握的内容。

6.1　一阶电路的三要素分析法

6.1.1　过渡过程的概念

如图 6-1 所示电路，当开关 S 闭合时，电阻支路的灯泡立即发亮,而且亮度始终不变,说明电阻支路在开关闭合后立即进入稳定状态；电感支路的灯泡在开关闭合瞬间不亮,然后逐渐变亮，最后亮度稳定不再变化；电容支路的灯泡在开关闭合瞬间很亮，然后逐渐变暗直至熄灭。这两个支路的现象说明电感支路的灯泡和电容支路的灯泡要达到稳定状态，都需要经历一个过程。一般来说，电路从一种稳定状态变化到另一种稳定状态的中间过程称为电路的过渡过程。过渡过程的实际持续时间一般是极短暂的，因此又称为暂态或瞬态过程。

含有储能元件 L、C 的电路在换路时通常都要经历过渡过程。

瞬态过程的分析具有十分重要的意义：一方面可以利用电路的一些瞬态特性,例如,脉冲电路；另一方面，某些电路在过渡过程中可能出现比稳态大得多的电压或电流，因而可能击穿或烧毁电路部件，要预先采取措施予以防止。

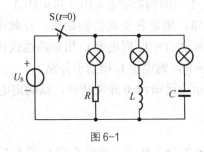

图 6-1

6.1.2 换路定则和初始值的概念

所谓换路，就是指电路工作状况的改变，例如电路的接通、断开，电源的突然变化，电路元件或电路结构发生改变等。通常，把换路瞬间定在 $t = 0$ 时刻，且把换路前的一瞬间记为 $t = 0_-$，此时电流为 $i(0_-)$，电压为 $u(0_-)$；把换路后的一瞬间记为 $t = 0_+$，此时的电流为 $i(0_+)$，电压为 $u(0_+)$。将换路后一瞬间（即 $t = 0_+$ 时刻）称为电路的初始状态，电压或电流的初始状态 $u(0_+)$ 或 $i(0_+)$ 又称为初始值。

前面曾经指出电容元件和电感元件的一个重要特性——惯性特性，即在实际电路中，电容电压和电感电流只能连续变化，而不能突变。

根据动态元件的惯性特性，可以得出一个重要的规律：在电路发生换路后的瞬间，电容电压和电感电流都应保持换路前一瞬间的原有值不变，即电容电压和电感电流在换路时刻不发生跃变，这个规律称为换路定则。换路定则可以表示为

$$u_C(0_+) = u_C(0_-) \tag{6-1-1}$$

$$i_L(0_+) = i_L(0_-) \tag{6-1-2}$$

6.1.3 三要素分析法的标准公式

三要素分析法是确定直流信号作用下一阶电路响应的简捷方法。这种方法的核心是确定响应的三个要素 $y(0_+)$、$y(\infty)$ 和 τ，然后利用公式

$$y(t) = y(\infty) + [y(0_+) - y(\infty)]e^{-\frac{t}{\tau}} \quad (t > 0)$$

即可确定出电路的响应 $y(t)$。

式中，$y(t)$ 为一阶电路中的任意一个变量，$y(0_+)$ 和 $y(\infty)$ 则是 $y(t)$ 在 $t = 0_+$ 和 $t \to \infty$ 时的函数值，分别为响应的初始值和稳态值；τ 为电路的时间常数，$t = 0$ 是电路的换路时刻。

1. 任一变量初始值 $y(0_+)$ 的确定

根据换路定则，电容电压和电感电流在换路前后不发生突变，而其他变量则不受换路定则的约束，因此，确定任一变量初始值 $y(0_+)$ 的具体步骤如下。

（1）作 $t=0_-$ 时的等效电路，求出 $i_L(0_-)$ 和 $u_C(0_-)$；在此电路中，电感 L 用短路线代替，电容 C 则视为开路。

（2）根据换路定则，得出电路的初始状态 $i_L(0_+)$ 和 $u_C(0_+)$。

（3）作 $t=0_+$ 时的等效电路，确定各变量的初始值。在此电路中，电容 C 用源电压为 $u_C(0_+)$ 的理想电压源替代（若 $u_C(0_+)=0$，则电容 C 用短路线代替）；电感 L 用源电流为 $i_L(0_+)$ 的理想电流源替代（若 $i_L(0_+)=0$，则电感 L 相当于开路）。

例 6.1 如图 6-2（a）所示，已知 $t=0$ 开关断开，试确定电路中各变量的初始值 $i_1(0_+)$、$i_2(0_+)$ 和 $u_C(0_+)$。

解

（1）作 $t=0_-$ 电路，如图 6-2（b）所示，此时电容 C 视为开路。由图 6-2（b）可得

$$u_C(0_-) = \frac{8}{4+2} \times 2 = \frac{8}{3}(V)$$

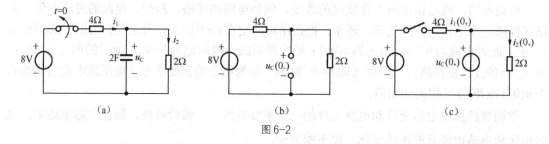

图 6-2

（2）根据换路定则，可得

$$u_C(0_+) = u_C(0_-) = \frac{8}{3}(V)$$

（3）作 $t=0_+$ 电路，如图 6-2（c）所示，此时电容 C 等效为一个源电压为 $u_C(0_+)=\frac{8}{3}(V)$ 的理想电压源。由图 6-2（c）可得

$$i_1(0_+) = 0(A)$$

$$i_2(0_+) = \frac{u_C(0_+)}{2} = \frac{8/3}{2} = \frac{4}{3}(A)$$

$$u_C(0_+) = \frac{8}{3}(V)$$

2. 任一变量稳态值 $y(\infty)$ 的确定

作 $t\to\infty$ 等效电路（即过渡过程结束后，电路进入另一个稳定状态的电路），确定各变量的稳态值。在此电路中，电感 L 用短路线代替，电容 C 则相当于开路。

3. 一阶电路时间常数 τ 的确定

时间常数 τ 是表征电路过渡过程快慢的物理量。τ 值越大，过渡过程的进展越慢；τ 值

越小，则过渡过程的进展越快。τ 的大小仅跟电路的结构和参数有关。

对 RC 电路而言，$\tau = RC$；对 RL 电路，则 $\tau = \dfrac{L}{R}$，其中 R 是与 C（或 L）相连接的等效电阻。

例 6.2　如图 6-3 所示电路，已知 $t = 0$ 开关断开，求该电路换路后的时间常数 τ。

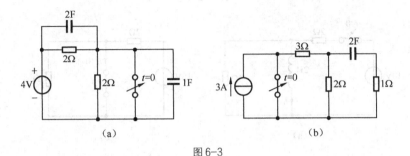

图 6-3

解

（1）作开关断开后图 6-3（a）所示的无源等效电路，如图 6-4（a）所示，则

$$\tau = RC = (2 /\!/ 2)(2+1) = 3(\text{s})$$

（2）作开关断开后图 6-3（b）所示的无源等效电路，如图 6-4（b）所示，则

$$\tau = RC = (2+1) \times 2 = 6(\text{s})$$

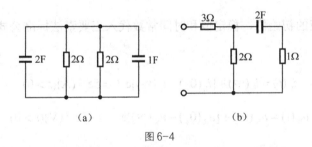

图 6-4

例 6.3　如图 6-5(a)所示，已知 $t = 0$ 开关断开，试用"三要素法"求 $u_R(t)$ 和 $i_L(t)$。

解

（1）作 $t = 0_-$ 电路，如图 6-5（b）所示，此时电感 L 视为短路。由图 6-5（b）可得

$$i_L(0_-) = \frac{10}{2} = 5(\text{A})$$

（2）根据换路定则，可得

$$i_L(0_+) = i_L(0_-) = 5(\text{A})$$

（3）作 $t = 0_+$ 电路，如图 6-5（c）所示，此时电感 L 等效为一个源电流为 $i_L(0_+) = 5\text{A}$ 的理想电流源。由图 6-5（c）可得

$$u_R(0_+) = -i_L(0_+) \times 1 = -5 \times 1 = -5(\text{V})$$

（4）作 $t \to \infty$ 电路，如图 6-5（d）所示，此时电感 L 视为短路。由图 6-5（d）可得

$$i_L(\infty) = 0(\text{A})$$
$$u_R(\infty) = 0(\text{V})$$

（5）作求τ等效电路，如图6-5（e）所示。由图6-5（e）可得时间常数τ为

$$\tau = \frac{L}{R} = \frac{2}{1} = 2(\text{s})$$

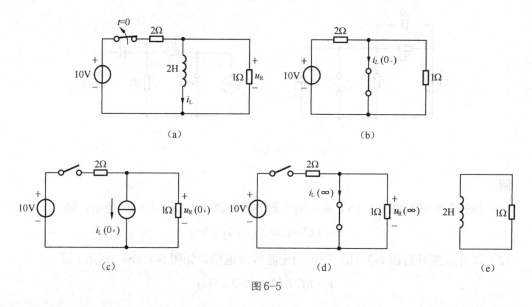

图6-5

（6）将求得响应的初始值、稳定值和时间常数代入三要素法标准公式中，则可得到相应的响应。

$$i_L(t) = i_L(\infty) + [i_L(0_+) - i_L(\infty)]e^{-\frac{t}{\tau}} = 5e^{-\frac{t}{2}}(\text{A})(t > 0)$$

$$u_R(t) = u_R(\infty) + [u_R(0_+) - u_R(\infty)]e^{-\frac{t}{\tau}} = -5e^{-\frac{t}{2}}(\text{V})(t > 0)$$

练习与思考

1. 如图6-6所示，求该电路的时间常数τ。

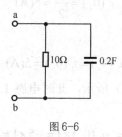

图6-6

2. 电路如图6-7所示，已知$u_C(0_-) = 2\text{V}$，$t = 0$开关闭合，试用三要素法求开关闭合时

的 $u_C(t)$ 和 $i(t)$ 。

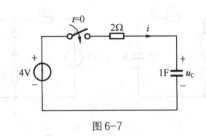

图 6-7

6.2　一阶电路的零输入、零状态分析法

动态电路的响应，可以是由输入激励（独立源）所引起的，也可以是由动态电路的初始状态（初始时刻的储能）所引起的，还可以是由二者共同引起的。在没有输入激励的情况下，仅由初始状态所引起的电路响应称为零输入响应，用 $y_z(t)$ 表示。如果初始状态为零，而由初始时刻的输入激励所引起的电路响应称为零状态响应，用 $y_f(t)$ 表示。由二者共同作用所引起的电路响应则称为全响应，用 $y(t)$ 表示。

根据线性电路的叠加性，由初始状态和输入激励共同作用所引起的全响应等于零输入响应和零状态响应之和，即

$$y(t) = y_z(t) + y_f(t) \tag{6-2-1}$$

零输入、零状态分析法就是先分别确定出激励和初始状态单独作用下的零状态响应 $y_f(t)$ 和零输入响应 $y_z(t)$ ，再根据式（6-2-1）求出全响应 $y(t)$ 。零输入响应和零状态响应都可以通过三要素法确定。

零输入、零状态分析法适用于求解任意激励信号作用下的响应。本节只讨论直流信号激励下的一阶电路的零输入、零状态分析法。

例 6.4　如图 6-8（a）所示电路， $t=0$ 开关闭合，求开关闭合时 $i(t)$ 和 $u_C(t)$ 的零状态响应。

解　根据题意可知： $u_C(0_-) = 0\mathrm{V}$ 。

（1）根据换路定则，可得

$$u_C(0_+) = u_C(0_-) = 0(\mathrm{V})$$

（2）作 $t=0_+$ 电路，如图 6-8（b）所示，此时电容 C 可视为短路。由图 6-8（b）可得

$$i(0_+) = \frac{6}{2 + 2//2} \times \frac{1}{2} = 1(\mathrm{A})$$

（3）作 $t \to \infty$ 电路，如图 6-8（c）所示，此时电容视为开路。由图 6-8（c）可得

$$i(\infty) = 0(\mathrm{A})$$

$$u_C(\infty) = 6 \times \frac{2}{2+2} = 3(\mathrm{V})$$

（4）作求 τ 等效电路，如图 6-8（d）所示。由图 6-8（d）可得时间常数 τ 为

$$\tau = RC = (2 // 2 + 2) \times 2 = 6(s)$$

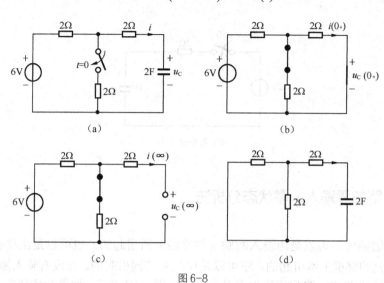

图6-8

（5）将求得的响应的初始值、稳定值和时间常数代入三要素法标准公式中，则可得$i(t)$和$u_C(t)$的零状态响应

$$i(t) = i(\infty) + [i(0_+) - i(\infty)]e^{-\frac{t}{\tau}} = e^{-\frac{t}{6}}(A)(t > 0)$$

$$u_C(t) = u_C(\infty) + [u_C(0_+) - u_C(\infty)]e^{-\frac{t}{\tau}} = 3 - 3e^{-\frac{t}{6}}(V)(t > 0)$$

例6.5 如图6-9（a）所示，已知$u_C(0_-) = 2V$，试用零输入、零状态分析法求$t = 0$开关闭合时的$u_C(t)$和$i(t)$。

解 根据换路定则，可知

$$u_C(0_+) = u_C(0_-) = 2(V)$$

（1）求零输入响应$u_{CZ}(t)$和$i_Z(t)$。设电压源为零（即电压源视为短路），如图6-9（b）所示。根据三要素分析法，可知

$$u_{CZ}(0_+) = u_{CZ}(0_-) = 2(V)$$

$$i_Z(0_+) = -\frac{u_{CZ}(0_+)}{2} = -\frac{2}{2} = -1(A)$$

$$u_{CZ}(\infty) = 0(V)$$

$$i_Z(\infty) = 0(A)$$

$$\tau = RC = 2 \times 1 = 2(s)$$

则

$$u_{CZ}(t) = u_{CZ}(\infty) + [u_{CZ}(0_+) - u_{CZ}(\infty)]e^{-\frac{t}{\tau}} = 2e^{-\frac{t}{2}}(V)(t > 0)$$

$$i_Z(t) = i_Z(\infty) + [i_Z(0_+) - i_Z(\infty)]e^{-\frac{t}{\tau}} = -e^{-\frac{t}{2}}(A)(t > 0)$$

（2）求零状态响应 $u_{Cf}(t)$ 和 $i_f(t)$。设 $u_C(0_-)=0\text{V}$，如图 6-9（c）所示。根据三要素分析法，可知

$$u_{Cf}(0_+)=u_C(0_-)=0(\text{V})$$

$$i_f(0_+)=\frac{4}{2}=2(\text{A})$$

$$u_{Cf}(\infty)=4(\text{V})$$

$$i_f(\infty)=0(\text{A})$$

$$\tau=RC=2\times1=2(\text{s})$$

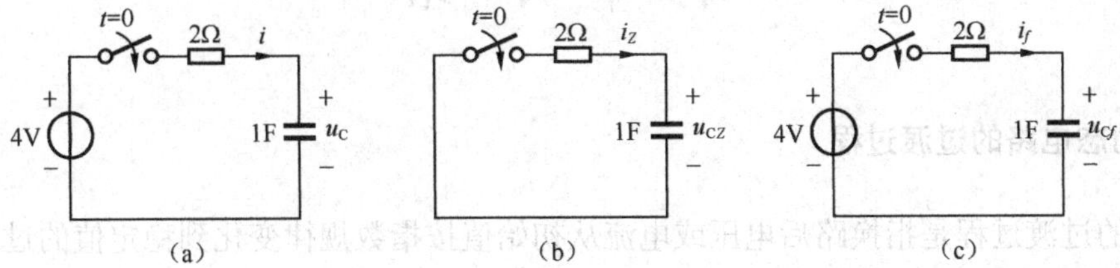

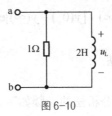

图 6-9

则

$$u_{Cf}(t)=u_{Cf}(\infty)+[u_{Cf}(0_+)-u_{Cf}(\infty)]e^{-\frac{t}{\tau}}=4-4e^{-\frac{t}{2}}(\text{V})(t>0)$$

$$i_f(t)=i_f(\infty)+[i_f(0_+)-i_f(\infty)]e^{-\frac{t}{\tau}}=2e^{-\frac{t}{2}}(\text{A})(t>0)$$

（3）求全响应 $u_C(t)$ 和 $i(t)$。

$$u_C(t)=u_{CZ}(t)+u_{Cf}(t)=2e^{-\frac{t}{2}}+(4-4e^{-\frac{t}{2}})=4-2e^{-\frac{t}{2}}(\text{V})(t>0)$$

$$i(t)=i_Z(t)+i_f(t)=-e^{-\frac{t}{2}}+2e^{-\frac{t}{2}}=e^{-\frac{t}{2}}(\text{A})(t>0)$$

练习与思考

1. 如图 6-10 所示，在 1Ω 电阻和 2H 电感并联的一阶电路中，已知 $u_L(0_+)=2\text{V}$，求电感电压的零输入响应 $u_L(t)$。

图 6-10

2. 电路如图 6-11 所示，已知 $i_L(0_-)=2\text{A}$，$t=0$ 开关闭合，试用零输入、零状态分析法求开关闭合时的电感电流 $i(t)$。

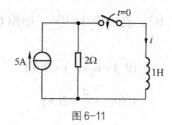

图 6-11

3. 已知某一阶电路的响应 $u_C(t) = 3 + 6e^{-0.5t}\text{(V)}(t \geq 0)$，求该电路的 $u_C(0_+)$、$u_C(\infty)$ 和 τ。

本 章 小 结

1. 动态电路的过渡过程

电路的过渡过程是指换路后电压或电流从初始值按指数规律变化到稳定值的过程。过渡过程进行的快慢取决于电路的时间常数。换路前后瞬间，电感电流和电容电压不能突变，称为换路定则，即

$$u_C(0_+) = u_C(0_-)$$
$$i_L(0_+) = i_L(0_-)$$

利用换路定则作 $t = 0_+$ 等效电路，可求出电路中各电流、电压的初始值。

2. 一阶电路响应的三要素分析法

三要素分析法的一般步骤如下。

（1）作 $t = 0_-$ 等效电路，求出 $i_L(0_-)$ 和 $u_C(0_-)$。

（2）根据换路定则，得出电路的初始状态 $i_L(0_+)$ 和 $u_C(0_+)$。

（3）作 $t = 0_+$ 等效电路，确定各变量的初始值。

（4）作 $t \to \infty$ 等效电路，确定各变量的稳态值。

（5）求电路的时间常数 τ（$\tau = RC$ 或 $\tau = \dfrac{L}{R}$）。

（6）代入三要素分析法的标准公式，即

$$y(t) = y(\infty) + [y(0_+) - y(\infty)]e^{-\frac{t}{\tau}}(t > 0)$$

3. 电路的零输入、零状态分析法

一阶电路响应的零输入、零状态分析法的步骤如下。

（1）求电路的零输入响应 $y_z(t)$。零输入响应就是指无源一阶电路在初始储能作用下产生的响应。

（2）求电路的零状态响应 $y_f(t)$。零状态响应就是电路初始状态为零时由输入激励作用下产生的响应。

（3）求电路的全响应，即

$$y(t) = y_z(t) + y_f(t)$$

习 题 6

1. 试求图 6-12 所示电路的时间常数 τ。

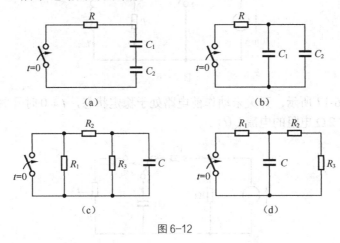

图 6-12

2. 求图 6-13 所示电路中开关闭合时的电容电压 $u_C(0_+)$。

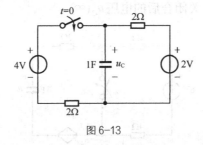

图 6-13

3. 电路如图 6-14 所示，已知电路在开关闭合前处于稳定状态，试求开关闭合时的 $i(0_+)$。

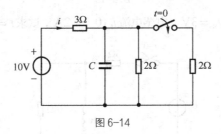

图 6-14

4. 如图 6-15 所示电路已稳定，$t=0$ 闭合开关，求 $t>0$ 的电容电压 $u_C(t)$。

5. 电路如图 6-16 所示，已知 $R=10\text{k}\Omega$，$L=1\text{mH}$，开关未动作前电路处于稳定状态，$t=0$

时开关由位置 1 倒向位置 2，求 $t > 0$ 时的 $u_L(t)$、$i_R(t)$ 和 $i_L(t)$。

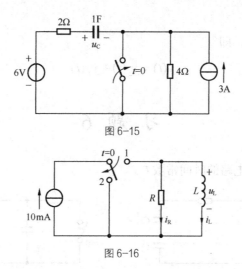

图 6-15

图 6-16

6. 电路如图 6-17 所示，开关未动作前电路处于稳定状态，$t = 0$ 时开关由位置 1 倒向位置 2，试求 $t > 0$ 时 2Ω 电阻的电流 $i_R(t)$。

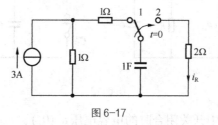

图 6-17

7. 求图 6-18 所示电路开关闭合后的电压 $u_C(\infty)$。

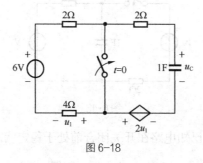

图 6-18

8. 电路如图 6-19 所示，$U_S = 3V$，电感电流 $i_L(0_-) = 2A$，试求 $t = 0$ 时开关闭合后的电压 $u(t)$。

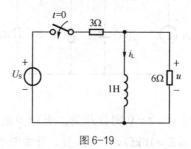

图 6-19

9. 电路如图 6-20 所示，开关未动作前电路处于稳定状态，$t=0$ 时将开关闭合，试求 $u_R(t)$ 的零输入响应和零状态响应。

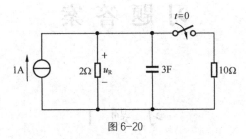

图 6-20

10. 电路如图 6-21 所示，在 $t=0$ 时闭合开关，已知 $i_L(0_-)=2A$，试求 $t>0$ 时的 $u_L(t)$ 和 $i_L(t)$。

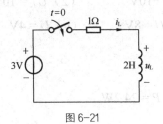

图 6-21

11. 电路如图 6-22 所示，已知 $u_1(t)=\begin{cases}0V & (t<0) \\ 1V & (t>0)\end{cases}$，且 $u_C(0-)=2V$，试求输出电压 $u_2(t)$。

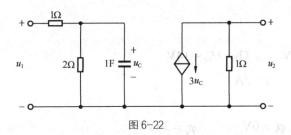

图 6-22

12. 电路如图 6-23 所示，已知 $u_1(t)=\begin{cases}0V & (t<0) \\ 1V & (t>0)\end{cases}$，且 $u_C(0_-)=0V$，求输出电压 $u_2(t)$ 的表达式。

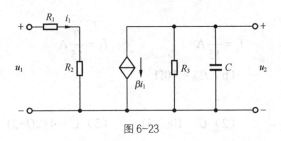

图 6-23

习 题 答 案

习 题 1

1. （1）$R = 5\text{k}\Omega$ （2）$I = 0.1\text{A}$ （3）$U = 0.2\text{V}$ （4）$G = 0.01\text{S}$

2. （1）$U_{ac} = 0\text{V}$ $U_{bc} = -10\text{V}$ （2）$U_{ac} = 10\text{V}$ $U_{bc} = 0\text{V}$

3. （a）$U = 6\text{V}$ （b）$U = 8\text{V}$ （c）$U = 4\text{V}$

4. $I = 5\text{A}$

5. $U_{ac} = 4\text{V}$

6. （1）$I = 110\text{mA}$ （2）$P = 24.2\text{W}$

7. $I = 20\text{A}$ $U = 72\text{V}$

8. $I = -0.5\text{A}$ $U = 9\text{V}$ $R = 4\Omega$ $P_R = 1\text{W}$

9. $P = 9\text{W}$

10. $I = 1\text{A}$

11. $U = 5\text{V}$

12. （a）$U_{ab} = 15\text{V}$ （b）$U_{ab} = 14\text{V}$

13. $U = 4\text{V}$ $I = 2\text{A}$

14. $U_{S2} = 20\text{V}$

15. $\varphi_a = 4\text{V}$ $\varphi_b = 0\text{V}$ $\varphi_c = 36\text{V}$

习 题 2

1. $R_1 = 150\Omega$

2. $I = 0.2\text{A}$ $I_1 = \dfrac{1}{15}\text{A}$ $I_2 = \dfrac{2}{15}\text{A}$

3. （a）$R_{ab} = 2.5\Omega$ （b）$R_{ab} = 10\Omega$

4. （略）

5. （1）$U = 4 + 10I$ （2）$U = 10(I+3)$ （3）$U = 4 + 2(I+3)$ （4）$U = 6 + 2I$

6. $I = 2\text{A}$

7. $U_{ab} = 8\text{V}$

8. $I = 3A$ $\qquad\qquad U_{ab} = -2V$

9. （1）$U_{ab} = -3V$ $\qquad$（2）$I_{ab} = -\dfrac{3}{4}A$

10. $I = -0.4A$ $\qquad\qquad U = 148V$

11. $I_1 = 2A$ $\qquad\qquad I_2 = 6A$ $\qquad\qquad I_3 = 4A$

12. $U_1 = 8.4V$ $\qquad\qquad U_2 = 2.4V$

13. $R_{ab} = 2\Omega$

14. $I_2 = -1.44mA$ $\qquad\qquad U_2 = -2.88V$

习 题 3

1. $I = 3A$

2. $I_1 = -2A$ $\qquad\qquad I_2 = -1A$

3. $I_1 = \dfrac{7}{3}A$ $\qquad\qquad I_2 = \dfrac{2}{3}A$

4. $I = -0.5A$

5. $I = 8mA$

6. （a）$I = 6A$ $\qquad U = -\dfrac{4}{3}V$ $\qquad$（b）$I = 2A$ $\qquad U = 24V$

7. $U_S = 8V$ $\qquad\qquad R_S = 2k\Omega$

8. （1）$P = 3.2W$ $\qquad\qquad$（2）$R_L = 10\Omega$ $\qquad P_{max} = 3.6W$

9. $P_{max} = 0.56W$

10. （1）$U_{OC} = 1V$ $\qquad I_d = 0.625A$ $\qquad$（2）$R = 1.6\Omega$ $\qquad P_{max} \approx 0.156W$

11. （1）$R_L = \dfrac{48}{7}\Omega$ $\qquad$（2）$P_{max} = \dfrac{75}{28}W$

12. $R = \dfrac{56}{15}\Omega$ $\qquad\qquad P_{max} = \dfrac{15}{14}W$

13. （a）$U_{OC} = \dfrac{3}{13}V$ $\qquad R_0 = \dfrac{6}{13}\Omega$ $\qquad$（b）$U_{OC} = \dfrac{14}{3}V$ $\qquad R_0 = \dfrac{14}{3}\Omega$

14. $R_L = 1.5\Omega$ $\qquad\qquad P_{max} = 0.375W$

习 题 4

1. （1）$Z = 25\sqrt{3} - j25\Omega$ $\quad R = 25\sqrt{3}\Omega$ $\quad X = 25\Omega$

$\quad$（2）$Z = \dfrac{24}{5} + j\dfrac{96}{5}\Omega$ $\quad R = \dfrac{24}{5}\Omega$ $\quad X = \dfrac{96}{5}\Omega$

2. （1）×　　　　（2）×　　　　（3）√　　　　　（4）×　　　　（5）√　　　（6）×

3. （a）$Z_{ab} = 1.92 + j1.44\Omega$　　　　　　　（b）$Z_{ab} = 1 + j1\Omega$

4. $C = \dfrac{100}{\pi}\mu F$　　$u_C(t) = 200\sin(314t - 30°)V$

5. （1）$u(t) = 16\sin(2t - 45°)V$　　　　　（2）略

6. $\dot{U} = 10\sqrt{2}\angle 75°V$

7. $U_R = 15\sqrt{2}V$　　　　　　$U_L = 15\sqrt{2}V$　　　　　　$U_C = 30\sqrt{2}V$

8. （1）$Z = 5 - j5\Omega$

　　（2）$\dot{I} = 0.2\angle 45°A$　　　$\dot{U}_R = 1\angle 45°V$　　　$\dot{U}_L = 4\angle 135°V$　　　$\dot{U}_C = 5\angle -45°V$

9. $u_C(t) = \sqrt{2}\sin(2t - 90°)V$

10. $\dot{I} = 8\sqrt{2}\angle 45°A$

11. （1）$i_1 = 2\sin(1000t - 45°)A$　　　　　　$i_2 = 4\sqrt{2}\sin(1000t + 90°)A$

　　　　$i = 4\sin(1000t + 45°)A$

　　（2）$P = 32W$　　　（3）$Q = -32var$　　　$S = 32\sqrt{2}V\cdot A$　　　$\cos\varphi_z = \dfrac{\sqrt{2}}{2}$

12. $P = 10\sqrt{3}W$　　　　　$Q = -10var$　　　　　$S = 20V\cdot A$

13. $P = 12.5W$　　　　　　$Q = 12.5var$　　　　　$\cos\varphi_z = \dfrac{\sqrt{2}}{2}$

14. $P_{max} = 2.5W$

15. $i_1(t) = 4\sin(10t - 45°)A$　　　　　$i_2(t) = 2\sqrt{2}\sin 10t A$

16. （1）$f_0 = 79.6Hz$　　　（2）$\rho = 100\Omega$　　　$Q = 20$　　　　（3）$U_{C0} = 200V$

17. $f_0 = 796.2Hz$　　　　　$Q = 10$　　　　　$Z_0 = 1010\Omega$

习 题 5

1. $L_{ab} = 3.75H$

2. $Z_L = 0.2 - j9.8\Omega$　　　　　$P_{max} = 10W$

3. （1）$u_{ab} = 5\sqrt{2}\sin(t + 45°)V$　　　　　　$u_{cd} = 2.5\sqrt{2}\sin(t - 135°)V$

　　（2）$u_{cd} = 5\sin(t + 180°)V$

4. $u_2 = 200\sin(1000t - 90°)V$

5. $i = 0.25\sin(200t - 45°)A$

6. $\dot{I}_1 = \sqrt{2}\angle -45°A$　　　　　$\dot{I}_2 = 1\angle 0°A$

7. $P_2 = 20W$

8. $\dot{I}_1 = 0.707\angle -45°A$　　　　$\dot{U}_2 = 2\angle 0°V$

9. $\dot{U}_2 = 1\angle 0°V$

10. $\dot{I}_1 = \sqrt{2}\angle -45°A$　　　　　$\dot{I}_2 = 10\sqrt{2}\angle 135°A$

11. （1）$n = 10$ （2）$\dot{I}_1 = 5\text{mA}$ $\dot{I}_2 = 50\text{mA}$

12. $Z_{ab} = 32\Omega$

习 题 6

1. （a）$\tau = R \cdot \dfrac{C_1 \cdot C_2}{C_1 + C_2}$ （b）$\tau = R(C_1 + C_2)$

   （c）$\tau = \dfrac{R_2 \cdot R_3}{R_2 + R_3} C$ （d）$\tau = \dfrac{R_1(R_2 + R_3)}{R_1 + R_2 + R_3} C$

2. $u_C(0_+) = 2\text{V}$

3. $i(0_+) = 2\text{A}$

4. $u_C(t) = 6 - 18\text{e}^{-\frac{t}{2}}\text{V}(t > 0)$

5. $u_L(t) = -100\text{e}^{-10^7 t}\text{V}(t > 0)$ $i_R(t) = -10\text{e}^{-10^7 t}\text{mA}(t > 0)$

   $i_L(t) = 10\text{e}^{-10^7 t}\text{mA}(t > 0)$

6. $i_R(t) = 1.5\text{e}^{-\frac{t}{2}}\text{A}(t > 0)$

7. $u_C(\infty) = 8\text{V}$

8. $u(t) = -2\text{e}^{-2t}\text{V}(t > 0)$

9. $u_{RZ}(t) = 2\text{e}^{-\frac{t}{5}}\text{V}(t > 0)$ $u_{Rf}(t) = \dfrac{5}{3} - \dfrac{5}{3}\text{e}^{-\frac{t}{5}}\text{V}(t > 0)$

10. $u_L(t) = \text{e}^{-\frac{t}{2}}\text{V}(t > 0)$ $i_L(t) = 3 - \text{e}^{-\frac{t}{2}}\text{A}(t > 0)$

11. $u_2(t) = -2 - 4\text{e}^{-\frac{3t}{2}}\text{V}(t > 0)$

12. $u_2(t) = -\beta \dfrac{R_3}{R_1 + R_2}(1 - \text{e}^{-\frac{t}{R_3 C}})\text{V}(t > 0)$

参 考 文 献

[1] 刘志民. 电路分析[M]. 西安：西安电子科技大学出版社，2008.

[2] 郑秀珍. 电路与信号[M]. 北京：人民邮电出版社，1997.

[3] 吴承甲，陈毓琮. 电路基础[M]. 北京：人民邮电出版社，1993.